腸胃病

飲食宜忌速查

李卉、施英瑛 編著

萬里機構 · 得利書局

腸胃病飲食宜忌速查

作者

李卉、施英瑛

編輯

龍鴻波、師慧青

美術設計

Mandi Leung

出版者

萬里機構・得利書局

香港鰂魚涌英皇道1065號東達中心1305室

電話：2564 7511

傳真：2565 5539

網址：http://www.wanlibk.com

http://www.facebook.com/wanlibk

發行者

香港聯合書刊物流有限公司

香港新界大埔汀麗路36號

中華商務印刷大廈3字樓

電話：2150 2100

傳真：2407 3062

電郵：info@suplogistics.com.hk

承印者

百樂門印刷有限公司

出版日期

二零一六年七月第一次印刷

Published in Hong Kong by Teck Lee Book Store,

a division of Wan Li Book Company Limited.

ISBN 978-962-14-6021-9

萬里機構

萬里 Facebook

本書繁體版由江蘇鳳凰科學技術出版社授權出版

漢竹文化傳播（北京）有限公司  原創

前言

五穀雜糧，哪些能養腸胃，哪些不能多吃？

腸胃不好，用中藥怎麼養？

總是胃酸過多，該吃鹼性食物來中和嗎？

夏天食慾不好，容易拉肚子，能夠溫補嗎？

……

腸胃是人體重要的消化吸收器官，人體所需的營養幾乎都要通過腸胃來獲得。而吃什麼很大程度上決定着腸胃的好壞，因此，針對腸胃病患者來説，擁有一本科學的全面的飲食宜忌速查手冊必不可少。眾所週知，五穀雜糧是調養腸胃的基石。比如小米最養胃，能改善消化不良；粳米可補益脾胃，緩解便秘；薏米可健脾和胃，抑制癌細胞……然而，有些食物卻不宜多吃，比如腸胃發脹者忌吃黃豆，胃寒者忌吃綠豆。

本書選取了61種食物，分為33種宜吃食物、28種忌吃食物。在宜吃食物中，將每種食物的調養腸胃關鍵點、調養腸胃作用、食用人群、食用宜忌、搭配宜忌展現給你，讓你瞭解每種食物對腸胃健康的影響，以及如何吃；在忌吃食物中，你可以瞭解為什麼此類食物不可吃，從而避免傷及腸胃。

中藥調理腸胃是一個循序漸進的過程，只要吃對了藥，腸胃就能得到逐漸的補養，從而恢復健康。但是，也有一些中藥是會傷及腸胃的。全書選取了22種中藥，18種宜吃，4種忌吃，以便於你在吃中藥的時候仔細鑒別，避免誤食。

腸胃病有許多種，比如反酸、急性胃炎、慢性胃炎、胃結石、胃下垂等，嚴重時可能導致胃癌。針對不同的腸胃病，就要有不同的食療方法。因此，對症飲食、合理調養，才是根本。

飲食需要做到“應天順時”，根據每個時節的特點安排膳食才是養好腸胃的關鍵。對於需要養腸胃的人來説，每個季節的養腸胃方式也各不相同：春季宜吃甜少吃酸，夏季宜清熱少溫補，秋天宜滋補少燥熱，冬天則宜溫熱少寒涼。

目錄

影響腸胃功能的飲食習慣

第二章 飲食宜忌速查

五穀雜糧

蔬菜

菌類

水果

禽畜肉

第三章 中藥調理腸胃病宜忌

腸胃病調治宜忌

腸胃病四季飲食宜忌

養脾宜忌速查

附錄 很老很老的腸胃病老偏方

十大腸胃病飲食宜忌速查

反酸

- ✓ 宜多吃鹼性食物，如蘇打餅乾、菠菜、油菜等。
- ✓ 適量食用一些新鮮的鹼性水果，如葡萄、西瓜、香蕉、蘋果、梨、士多啤梨等。
- ✓ 宜吃發酵麵食，如發麵餅、發糕等。
- ✗ 忌吃酸性食物，如甜點、肉類等。

急性腸炎

- ✓ 宜多吃流質食物，如米湯、稀粥、麵湯等。
- ✓ 宜吃新鮮的蔬菜，如薺菜、生菜、白菜等，要注意清洗乾淨。
- ✗ 忌吃寒性蔬菜和水果，如西瓜、蘋果、番茄等。
- ✗ 忌吃易產氣發酵的食物，如馬鈴薯、番薯、白蘿蔔、南瓜、牛奶、黃豆等。

急性胃炎

- ✓ 宜多吃流質食物，如米湯、麵湯、藕粉等。
- ✓ 適量服用含蛋白質的食物，如雞蛋湯、蛋羹等。
- ✗ 忌吃膳食纖維豐富的食物，如番薯、芹菜、韭菜等。
- ✗ 忌吃刺激性食物，如辣椒、芥末、咖喱、濃茶、咖啡等。

反流性食道炎

- 宜吃不促進胃液分泌過多而熱量比較高的食物，如米飯、饅頭等。
- 宜吃清淡、易消化的食物，如小米、薏米、冬瓜等。
- 忌吃高脂肪的食物，戒煙，戒酒。
- 忌吃檸檬汁、咖啡、朱古力、柑橘、番茄、胡椒粉等。

胃結石

- 宜多喝白開水，水能夠很好地稀釋血液、體液，預防結石。
- 宜吃富含多種礦物質的食物，如木耳。
- 忌吃草酸鹽含量高的食物，如番茄、菠菜、士多啤梨、甜菜、朱古力等。
- 忌空腹吃柑橘、山楂、酸奶、番茄、柿子、冷飲等。

胃下垂

- 宜吃對胃有益的食品，如椰菜、胡蘿蔔、猴頭菇、酸奶等。
- 宜多吃一些溫補的食物，如紅棗、杏仁、鮮藕汁、羊肉、薑等。
- 忌吃生冷與刺激性強的食物，以及體積較大的食物。
- 忌大量飲用水及各種飲料。

消化不良

- ✔ 宜吃清淡、含消化酶的食物，如軟米飯、蘿蔔、南瓜、豆腐、雞蛋等。
- ✔ 宜吃新鮮蔬菜和水果，如山楂、番茄、白菜、蘋果等。
- ✘ 忌吃高脂肪食物，如堅果、肥肉等。
- ✘ 忌吃辛辣刺激、堅硬油膩的食品，烹飪時不宜放桂皮、花椒等香辛調料。

便秘

- ✔ 宜吃膳食纖維含量高的食物，如大麥、豆類、蘋果、燕麥等。
- ✔ 宜吃維他命B雜含量豐富的食物，如粗糧、酵母及豆製品。
- ✘ 忌吃澱粉含量高的食物，如糯米、馬鈴薯等。
- ✘ 忌吃收斂性強的食物，如高粱、石榴、蓮子等。

結腸炎

- ✔ 宜吃少纖維、低脂肪食物，如椰菜、薺菜、毛豆等。
- ✔ 宜吃溫熱、清淡、鬆軟的食物，如饅頭、蒸南瓜等。
- ✘ 忌吃容易產生脹氣的食物，如花生、番薯等。
- ✘ 忌吃辛辣刺激性食物，如辣椒、榴槤、韭菜等。

胃息肉

- ✔ 宜吃含豐富優質蛋白質的食物，如雞肉等。
- ✔ 宜吃容易消化吸收的食物，如赤小豆、茄子等。
- ✘ 忌吃腥發的食物，如鰱魚、鯉魚、羊肉等。
- ✘ 忌吃油膩的食物，如羊油、牛油、雞油等。

第一章

影響腸胃功能的飲食習慣

腸胃病的病因複雜，既有生物學因素，如幽門螺旋桿菌(Hp)感染就是最典型的例子。隨着網絡、電視等大眾媒體對Hp危害性的渲染，不少人談Hp 就想到胃癌；也有心理因素，人們常説"腸胃是心理的窗戶"，心理的變化很快就可反映在腸胃功能上，因此，飲食與腸胃健康密不可分。預防"病從口入"，吃出健康對腸胃最重要。

另外，腸胃功能的好壞很大程度上與個人的飲食習慣息息相關。有些人的腸胃功能非常好，這與他們平時的合理飲食是分不開的。比如定時定量進餐，細嚼慢嚥，避免食用辛辣刺激性的食物，戒煙忌酒等。除了飲食上的調理以外，還要經常參加體育鍛煉，保持樂觀心態。只有各方面都做好，腸胃才會健康。

良好的飲食習慣有益腸胃健康

酸鹼食物合理搭配

人們日常攝取的食物，根據食物本身所含的礦物質成分的種類和多少，可分為酸性食物、鹼性食物和中性食物。比如，肉類、魚類、蛋類、動物脂肪等屬於酸性食物，各類粗糧、蔬菜、水果、乳類、菌類等屬於鹼性食物，而鹽、咖啡等則為中性食物。

從營養的角度看，酸性食物和鹼性食物的合理搭配是身體健康的保障。當胃酸分泌過多時，可以吃一些粗糧、牛奶、豆漿或蔬菜來中和胃酸；當胃酸分泌過少時，可以喝雞湯，吃一些帶酸味的水果等，以刺激胃酸的分泌，幫助消化。

胃酸多的人要少喝雞湯，因為雞湯會刺激胃酸的分泌。

適量補充益生菌，消除腸道有害菌

益生菌能維持腸道菌群的平衡，預防因菌群失調引起的腹瀉。同時，它還能抑制病菌的繁殖，減少部分腸道疾病的發生。因此，適量補充益生菌可以預防腸道疾病。但是，胃酸過多的人、胃腸道手術後的病人不宜補充益生菌。以刺激胃酸的分泌，幫助消化。

喝溫水、溫牛奶，促進腸道的疏通

腸胃向來喜溫怕涼，因此應忌食過冷的食物。大量食用過冷的食物，胃腸道表面突然受到刺激，就會使胃部產生痙攣性收縮，腸道蠕動亢進，從而導致胃痛、腹痛、噁心和腹瀉。

溫水、溫牛奶有利於促進腸道的疏通，而且牛奶富含蛋白質，能中和胃酸，防止胃酸對潰瘍面的刺激，對胃及十二指腸潰瘍有良好的輔助治療作用。所以，多喝一些溫水和溫牛奶，對腸胃健康大有益。

早上8點到9點喝牛奶最好，但要避免空腹喝。

飯前先喝湯，勝過良藥方

大家都知道飯前要先喝湯，但這對人體有什麼好處呢？

第一，空胃時直接吃食物，對胃的刺激比較大，長此以往容易引起消化不良等胃病。飯前喝點湯，能使整個消化器官提前活躍起來，使消化腺分泌足夠的消化液來消化食物，也有利於食物中的營養物質更充分地吸收和利用。

第二，因為從口腔、咽喉、食道到胃部這一食物必經之路，猶如一條傳輸通道，吃飯之前，先喝上幾口湯，就等於給這一條通道加注了潤滑劑，可以使食物順利下咽，不至於過激地刺激和摩擦脆弱的食道。

搭配食用各種食物，給足腸胃動力

人體的生命活動需要各種營養素來維持，單靠一種或幾種食物不能提供人體所需的全部營養素，而且某些營養素攝入不足時，也會引起胃腸道疾病。

食物主要分為五大類：動物性食物，比如肉、蛋、魚、禽、奶等，富含蛋白質、脂肪、礦物質和維他命B雜；穀物類，富含碳水化合物、維他命B雜；豆類及豆製品，富含蛋白質、脂肪、鈣、膳食纖維和維他命；蔬菜水果類，富含維他命C、礦物質及膳食纖維；純能量食物，包括動物油、糖類等，富含必需脂肪酸、維他命E。

因此，為了身體的需要，最好將各種食物搭配食用，這樣才能營養全面，給腸胃添足動力。

維他命C對胃有保護作用，因此可以多吃蔬菜水果以補充維他命C。

少食多餐，不增加腸胃負擔

每餐進食過多會導致胃脹不適，甚至引起胃擴張，因此每餐只吃八分飽即可。對於腸胃不好的人來説，更應如此，因為腸胃疾病患者的消化能力和承受能力都有限，吃得過多會增加腸胃負擔。但為了滿足身體的需要，在每餐少食的基礎上可安排多餐，一天可進食四餐或五餐。

飲食定時、定量，葷素搭配，素食為主

胃腸道的活動，如收縮、蠕動、分泌等都是有規律、有順序的，因此，多餐也要有規律，飲食要定時、定量，遵循胃腸道正常的消化規律，以免誘發腸胃疾病。

合理的膳食要求每餐做到葷素搭配，其目的在於：保證每餐中都含有蛋白質、脂肪、糖類、礦物質和維他命等均衡營養素。完全素食的人每餐要有黃豆及其製品，半素食者要有牛奶或雞蛋。現代科學研究發現，葷素搭配合理，如以素食為主，經常食用黃豆及其製品、蔬菜、海鮮、肉類等多種食物的人，其健康程度明顯高於偏食的人。人體需要的多種營養素，每天要通過攝入十幾種食物，才能滿足營養要求。因此，飲食要做到定時、定量，葷素搭配。

吃易消化、清淡鬆軟食物，不給腸胃添麻煩

合理膳食還需要多吃一些鬆軟易消化的食物，不僅在挑選食物上要注意，更要在烹調上重視，才能達到要求。烹調的目的在於改變食物的性狀，達到食物的初步消化。少吃油炸、油煎的食品，因為這些食品的做法會在食物的表面形成了較堅硬的外殼，進入胃內有礙於消化酶的接觸，影響食物的消化。養成良好的生活習慣，不要偏食，多種食物搭配食用，才能保證腸胃的健康，保證營養的平衡。

睡眠充足，壓力緩解，腸胃自然健康

現代社會，人們的生活壓力大，精神長期處於活動和緊張的狀態，從而導致食慾差、疲勞、失眠等症狀出現。睡眠充足是解壓的最好辦法。睡眠可以使大腦處於靜息狀態，對生理、心理及全身器官功能進行自我調節。

壓力大、睡眠不足等會導致免疫力和腸胃功能降低。而且在睡眠不足的情況下，人很容易患病，如感冒等。因此，想要腸道健康，一定要保證充足的睡眠和良好的精神狀態。

適量運動，加速腸胃蠕動

運動會消耗一定的能量，也就增加了體內營養物質的消耗。為了補充營養物質，人要增加食慾，使腸胃蠕動加快，消化液分泌增多，進而達到促進消化吸收的效果。此外，適當的運動還可以促使抗體的生成，因此，散步、快走等適當的運動對提高免疫力，加速腸胃蠕動有積極的意義。

運動前後 50 分鐘內不要吃飯，可適當補充水分。

不好的飲食習慣傷害腸胃

幽門螺旋桿菌導致胃病

正常情況下，胃黏膜有一套完善的自我保護機制，能抵禦經口而入的千百種微生物的侵襲。而幽門螺旋桿菌卻能突破這一天然的屏障。

幽門螺旋桿菌是一種黏附在胃壁上皮細胞上的致病菌。患者感染它後會產生多種致病因子，從而引起胃黏膜損害，臨床疾病的發生呈現多樣性，而且患者會出現反酸、噯氣、飽脹感等症狀，嚴重時會導致胃及十二指腸潰瘍。

因此，日常生活中一定要養成良好的衛生習慣，避免幽門螺旋桿菌的侵入。

夏季是胃病的高發期，要勤洗手，保持良好的生活習慣。

有害菌導致腸道功能差

生存在腸內的細菌大約有100種，按細菌分類學的科、屬級進行分類的話，可以分為15個種群。從其功能上大致可以分為3類，一是有益菌，二是有害菌，三是既非有益菌也非有害菌。

有害菌的代表有產氣莢膜桿菌、葡萄球菌、變形桿菌、綠膿菌、韋永氏球菌、大腸桿菌等。有害菌侵入人體，會破壞腸道的功能，引起各種腸胃疾病。而且有害菌中的大腸桿菌、變形桿菌、產氣莢膜桿菌、沙門氏菌等細菌通過分解食物裏的蛋白質和氨基酸產生一種具有強烈氣味的氨，容易引發肝臟疾病。有害菌還可以分解氨基酸後產生胺基，引起消化性潰瘍及高血壓。不僅如此，胺基在胃和腸中與亞硝酸鹽結合之後變成具有強烈致癌性的物質——亞硝胺。有害菌還會產生其他一些致癌物質及將消化液等體內分泌物變為致癌物。

不重保暖，易胃痛腹瀉

“十個胃病九個寒”，這說明胃病中寒證佔多數。中醫認為，倘若平時怕冷，一受涼胃口就不好，常感疲倦無力的人多數為脾胃虛寒。

對胃寒之人，平時要注意胃部保暖，避免受冷，一方面防止寒冷的外界對人體的侵害，另一方面注意飲食宜溫和，避免寒涼之品。相信內外雙管齊下，再配合藥物的調理與治療，胃病就會儘快恢復。

常吃過量高鹽食物，易導致胃炎或胃癌

鹽是人體不可缺少的物質，但不可過量食用。正常人每天鹽的攝入量應控制在6克以內。通常，胃黏膜會分泌一層黏液來保護自己，如果吃得太鹹，鹽溶液就會破壞胃黏膜的保護層，時間長了，胃黏膜受損，就會引發胃潰瘍、胃炎，甚至胃癌等疾病。

多吃新鮮蔬菜，儘量少吃醃製的鹹菜。

除了鹽以外，鹹菜、鹹肉，以及其他一些醃製食品，都含有較高的鹽分，並且容易產生大量的亞硝酸鹽。亞硝酸鹽入侵失去黏液保護的胃黏膜，會促使胃黏膜細胞局部癌變。

火鍋易燙傷胃黏膜

火鍋是不少人偏愛的美味，尤其是冬季天氣寒冷時，人們吃火鍋的頻率更是大大提高。

這些刺激性食品雖然能使人一飽口福，卻會在不經意間破壞腸胃的健康。

火鍋中的食物一般都很燙，溫度可達90℃，但食道黏膜能承受的最高溫度大約為60℃，超過這個範圍便會損傷食道的黏膜。如果經常吃火鍋，黏膜損傷尚未修復又受到損傷，容易形成淺表潰瘍。反復的燙傷還會引起黏膜質的變化，發展成惡性腫瘤。

另外，吃火鍋時頻頻蘸取調料，食物入口時不僅溫度過高而且偏辣偏鹹，這不僅會損傷胃黏膜，還會破壞胃腸道的正常活動。因此，經常吃火鍋容易引發胃炎、胃潰瘍等疾病，增加胃癌的發病幾率。

為了腸胃健康，遠離咖啡、濃茶等刺激性飲品。

煙、酒、咖啡、濃茶、碳酸飲料，常用常飲易傷胃

腸胃病患者應該戒煙、酒、咖啡、濃茶、碳酸飲料。

吸煙會改變胃的正常蠕動和胃酸的分泌，而胃病患者的胃黏膜已經受到損傷，胃酸過多必定會加重對胃黏膜的損害。長期或過量飲酒，可使食道黏膜受到刺激而充血、水腫，形成食道炎；酒精的主要成分乙醇還會破壞胃黏膜的保護層，刺激胃酸分泌、胃蛋白酶增加，引起胃黏膜充血、水腫和糜爛。

咖啡、濃茶、碳酸飲料等刺激性飲品，同酒一樣，常飲容易傷胃，因此腸胃功能不好的人一定要忌飲此類飲品。

豆類食物易脹氣，腸脹胃脹不舒服

腸胃脹氣與腹脹，在腸胃疾病中相當常見。正常情況下，人的每次吞嚥動作都會吞入一定量的氣體，這些氣體會通過打嗝或排氣排出，不會產生不適感，但當腸胃運動功能紊亂時就會出現氣體排出障礙，導致腸胃脹氣。另外，腸道內不能吸收的某些纖維素、碳水化合物在腸功能紊

亂時會由腸道細菌發酵產生氣體。

引起腸胃脹氣的主要原因是消化系統無法吸收某類碳水化合物，容易引起脹氣的食物有豆類以及甘藍菜、花椰菜、洋葱、白蘿蔔、香蕉、全麥麵粉等。

引起胃脹氣的主要原因是胃動力不足，如果發生胃脹氣，可以適量食用富含膳食纖維的食物，保持生活規律，吃飯定時定量，細嚼慢嚥，能增強胃動力。

先將豆子浸泡 1 小時再烹飪食用，可減輕腸胃脹氣。

辛辣食物易刺激腸胃

辣椒、蒜、薑等辛辣食物，少食有開胃、助消化的作用，還可以增加胃黏膜血流量，加快胃黏膜代謝。但是，過多食用則會刺激腸胃黏膜，使黏膜充血、水腫、發炎、潰瘍、穿孔甚至癌變，誘發各種腸胃疾病。因此，正常人食用辛辣食物要注意控制量，而有胃病的人更應該忌食辛辣食物。

烤魚大多數都辛辣，患有胃病的人要忌食。

只吃肉不吃素，積滯積食難消除

肉類含有較多的飽和脂肪酸和膽固醇，過量食用會給消化系統帶來極大負擔，造成積滯、不消化的狀況出現。另外，只吃肉不吃素會造成營養攝取的不均衡。因此，要及時補充蔬菜、水果、薯類等素食。

蔬菜、水果是維他命、礦物質、膳食纖維和植物化學物質的重要來源，水分多、能量低。薯類含有豐富的澱粉、膳食纖維以及多種維他命和礦物質。葷素合理搭配，才能保證腸道正常功能，提高免疫力，降低患肥胖、糖尿病、高血壓等慢性疾病的風險。

將馬鈴薯削皮後，生榨汁喝可以緩解胃潰瘍。

飽食油膩食物，常發生腸胃脹悶

油膩食物是指脂肪、膽固醇含量高的食品，一般指肥肉、油炸食品、糕點等。油膩食物大多含有豐富的脂肪或蛋白質，其在胃中的排空時間較長，一般為4小時左右，故食用後不易感到饑餓。食物在胃內滯留太久，會產生飽悶感。偏食油膩的食物，容易聚濕生痰，鬱而化熱，腸胃積熱，引起便秘、痔瘡出血、腹脹、腹瀉等症。

因此，應減少油膩食品的攝入，多吃綠色蔬菜、菌類、穀類等食物。

蘑菇的品種很多，平菇是“止痛藥”，香菇是“天然抗癌劑”，猴頭菇是“腸胃保護傘”。

冰箱不能滅菌，冷凍食物裏的部分有害細菌易導致腹瀉

冰箱內的食物食用不當可能引起“冰箱胃炎”“冰箱腸炎”。一些細菌、真菌在低溫下還會大量繁殖，最容易受到污染的食物是瓜果、蔬菜、魚類和乳製品。低溫並不能殺死細菌，冰箱裏的微生物一旦溫度條件適宜，就會活躍起來，這樣在食物未完全加熱的情況下就吃進去很容易引起腸胃炎，導致腹痛和腹瀉。而未經處理的剩菜剩飯受到病菌的污染，還會引起食物中毒。因此，從冰箱裏拿出來的食物，一定要再次清洗除菌或完全加熱後才能食用。

從冰箱裏拿出來的食物要清洗除菌或完全加熱滅菌後食用。

暴飲暴食導致腸胃出問題

暴飲暴食會使胃腸等消化器官時時處於緊張的狀態，而沒有時間休息，但是胃黏膜的上皮細胞壽命都比較短，每2~3天修復一次，如果得不到休息，胃黏膜上皮細胞就無法更新，就會使胃黏膜受損，而引發腸胃炎。另外，暴飲暴食會使大量食物突然進入胃腔，超過胃容量會引起胃擴張，甚至胃破裂。

吃糖太多，也會損傷腸胃

當人體攝入過多的糖時，身體會受到影響，而腸胃同樣也會被損傷。糖一入口，口中便有澀澀的感覺，這是因為糖具有高滲透壓的緣故。比如說，用糖浸漬水果，糖便通過水果細胞膜而吸盡水果的水分，然後再進入到水果中去。糖對水果的這種吸取與滲透情況，與對人體的情況非常相似，糖會把細胞內的水分吸出再進入細胞中，從而造成糖汁。人體如果吸收太多糖，就會把胃壁置於這種糖汁裏，結果就會使胃壁黏黏一片。所以糖吃多了不但對人沒有好處，反而還會引發胃病，因此吃糖過多比吃鹽過多更可怕。

狼吞虎嚥不利於腸胃健康

有人吃東西特別快，這樣會導致食物在嘴裏咀嚼不全，增加胃負擔，容易造成胃炎；吃東西快還容易脹氣，導致腸胃不暢。因此，吃東西的時候一定不能狼吞虎咽，而是要細嚼慢嚥，這樣才有益於健康。

細嚼慢嚥還有利於唾液的分泌，唾液有一定的殺菌及防癌功能；另外，細嚼慢嚥能使食物與唾液充分結合，唾液具有幫助和促進食物消化的功能，減輕胃的負擔。

含糖過多的食物會使胃酸分泌過多，易引起胃炎。

早餐吃好，腸胃健康

人經過一晚上的睡眠，早晨起來，胃腸道幾乎沒有食物，維持人體正常新陳代謝必需的營養物質已極度匱乏。這時急需通過早餐來補充營養，然而如果能量得不到及時、合理的補充，消化系統的生物節律就會發生變化，腸胃蠕動及消化液的分泌也會發生變化。消化液沒有得到食物的中和，就會對腸胃黏膜產生不良的刺激，引起胃炎，嚴重者可引發消化性潰瘍。還有，如果早餐吃不好，上午就會感到注意力不集中、思維遲鈍，致使工作效率低下。饑腸轆轆地到了午飯時，人們難免攝入更多的能量，導致胃潰瘍、胃炎、消化不良等疾病發生。有胃病的人一定要注意早餐的質量和用餐時間，以利於胃的保養和康復。

早餐喝牛奶宜搭配麵食。

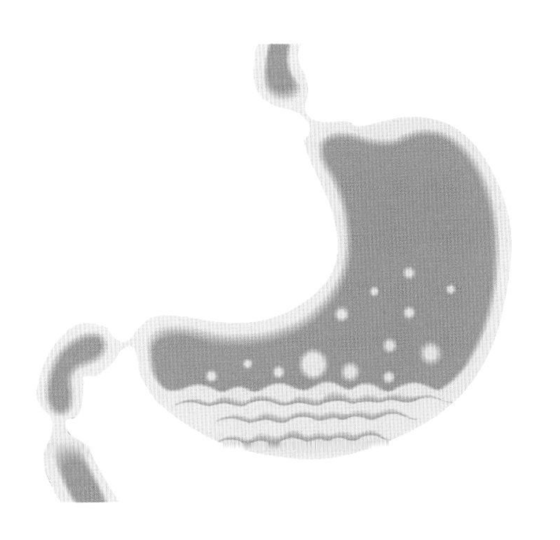

睡前進食，腸胃負擔重

人們要儘量避免睡前吃東西。因為胃黏膜上皮細胞再生修復過程一般是在夜間胃腸道休息時進行的。如果經常在夜間進餐，胃腸道在這段時間內就不能很好地休息和調整，胃黏膜的再生和修復就不能順利進行。吃過夜宵再睡覺，食物會較長時間在胃內停留，這可刺激胃液的產生。久而久之，就會出現胃黏膜糜爛、潰瘍，抵抗力減弱，從而增加患胃癌的風險。

第二章

飲食宜忌速查

腸胃病主要是指腸胃被細菌、病毒等侵入而引起的一種疾病，其主要症狀有嘔吐、腹痛、腹瀉、胃脹，嚴重者可出現十二指腸出血等症。因此，飲食的狀況很大程度上決定着腸胃的功能。只有注重平時的飲食衛生和飲食習慣，知道什麼食物對腸胃有益，什麼食物會傷害腸胃，這樣才能進行科學合理的膳食安排，從而保證腸胃的健康。

小米

性味 性涼，味鹹、甘。 酸鹼性 弱鹼性

黃色小米比白色小米含有的核黃素更多。

促進腸胃蠕動，適合消化不良者食用

小米原名粟，也稱作粱。營養價值很高，含豐富的蛋白質、脂肪和維他命。可供食用，也可釀酒，同時還能清熱、解渴、滋陰、補脾腎和腸胃、利小便、治腹瀉。

養腸胃作用

小米中維他命B_1和碳水化合物能刺激腸胃蠕動，促進排便，幫助排出腸道廢物，改善消化不良，可防治便秘、腸炎。小米性涼，能去除腸胃虛熱。小米中所含的維他命B_1對口角生瘡有效；小米有滋陰養血的作用，能夠幫助產婦恢復體力；還能減輕皺紋、色斑和色素沉着。

人群宜忌

✔ 消化不良者，反酸、嘔吐、腹瀉者，腸胃虛熱以及腸胃虛弱的老年人，產婦。

✘ 體質虛寒、氣滯、小便清長者。

食用宜忌

✔ 煮粥、磨粉。小米煮粥呈弱鹼性，可以中和胃酸，適合胃酸過多的人食用，而且小米粥軟糯熟爛，更利於消化；磨粉更適合老人、病人食用。

營養成分（每100克含）

蛋白質	9克
脂肪	3.1克
碳水化合物	75.1克
維他命B_1	0.33毫克
維他命B_2	0.1毫克
鈣	41毫克
磷	229毫克
鎂	107毫克
鐵	5.1毫克
硒	4.74微克

此粥適宜孕婦食用

小米赤小豆粥

材料：

小米100克，赤小豆15克，紅糖適量。

做法：

①將小米洗淨；赤小豆洗淨，用水泡漲為止。

②將泡好的赤小豆倒入鍋中，加水煮至半熟，用筷子戳開沒有硬心即可。

③將小米倒入鍋中，煮至米粒、赤小豆熟爛綿軟，關火後用紅糖調味即可。

功效：

小米有健胃除熱、促進消化的功效，赤小豆能補血，二者一起煮粥能健腸胃、促消化、滋陰養血。

小米＋紅糖  紅糖益氣補血，小米健脾胃、補虛損，小米加紅糖煮粥能補益氣血，適合脾胃弱的人食用。

小米＋醋  醋中的有機酸，會破壞小米中的類胡蘿蔔素，降低營養價值。

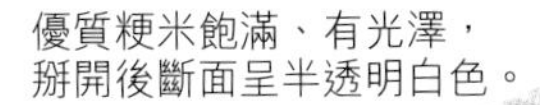

優質粳米飽滿、有光澤，
掰開後斷面呈半透明白色。

粳米

性味 性平，味甘。 酸鹼性 酸性

防治關鍵點

補脾和胃，促消化，適合便秘患者食用

補脾和胃，促消化，適合便秘患者食用粳米是補充營養素的基礎食物。除了富含碳水化合物外，還含有蛋白質、脂肪、維他命及11種礦物質，能為人體提供全面的營養。雖然各種營養素的單個含量不是很高，但因其食用量大，總體上具有較高的營養功效，被譽為"五穀之首"。

養腸胃作用

粳米有補脾和胃，促消化的作用。粳米中的碳水化合物含量較高，碳水化合物進入人體後可減少蛋白質消耗，增強腸道功能。碳水化合物中的糖和蛋白多糖有潤滑作用，可以促進腸胃蠕動，減輕胃部負擔。

人群宜忌

- ✔ 適宜腦力工作者、高膽固醇者、病後腸胃功能衰弱者、便秘患者食用。
- ✖ 糖尿病病人不宜多吃粳米粥。

食用宜忌

- ✔ 煮粥、蒸米飯。粳米煮粥容易消化，可減輕腸胃負擔，適合消化功能不好的人食用；蒸米飯能較好地保存營養。
- ✖ 撈飯。撈飯會損失較多的蛋白質和維他命，降低米飯的營養價值。

營養成分(每100克含)

營養成分	含量
蛋白質	7.4 克
脂肪	0.8 克
碳水化合物	77.9 克
膳食纖維（不溶性）	0.7 克
維他命 B_3	1.9 毫克
維他命 E	0.46 毫克
鈣	13 毫克
磷	110 毫克
鉀	103 毫克
鐵	2.3 毫克

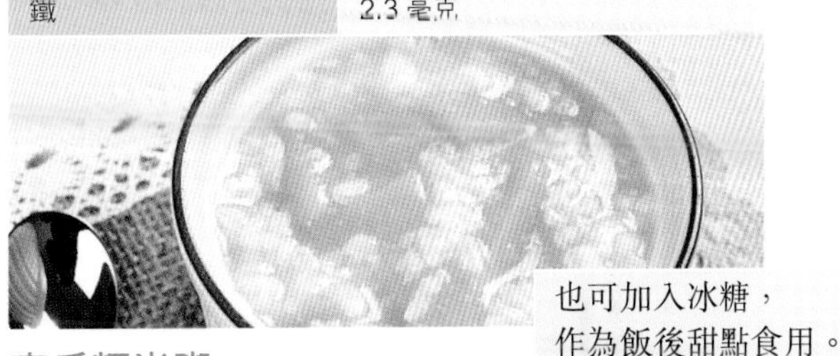

也可加入冰糖，
作為飯後甜點食用。

南瓜粳米粥

材料：
小南瓜1個，粳米50克。

做法：
①粳米洗淨；南瓜去籽，去皮，切成小丁。
②鍋置火上，加入適量水，煮沸後放入粳米，大火燒開後，轉小火熬半個小時。
③把南瓜丁放入粳米粥中煮10分鐘，至南瓜丁變軟即可。

功效：
南瓜具有健脾益胃的功效，粳米可以減輕腸胃負擔，常食用此粥，可有效治療脾胃虛弱等症。

配搭宜忌

粳米＋淮山  粳米可平和五臟，淮山健脾補腎，二者搭配健脾益胃，助消化。

粳米＋蜂蜜  粳米與蜂蜜同食會導致胃痛。

粟米

性味：性平，味甘。

酸鹼性：鹼性

清洗粟米時最好用鹽水沖洗。

防治關鍵點 ▶ 刺激腸蠕動，適合便秘患者食用

粟米原名玉蜀黍，別名包穀、珍珠米、苞穀。粟米中含有的膳食纖維，比精米、精麵高4~10倍。此外還含有亞油酸、多種礦物質、維他命及大量鎂。鎂可加強腸壁蠕動，促進機體廢物的排泄。

養腸胃作用

粟米中的維他命 B_6、菸酸以及豐富的纖維素，能刺激腸胃蠕動，防止便秘，促進膽固醇的代謝，加速腸內毒素的排出，可防治便秘、胃炎、腸炎、腸癌等。

人群宜忌

✔ 脾胃氣虛、氣血不足、營養不良、高血壓、高脂血症、脂肪肝、癌症、習慣性便秘、維他命A缺乏症等患者適宜食用。

✘ 胃悶脹氣、尿失禁者應少食用。

食用宜忌

✔ 煮、蒸，做成粟米麵。鮮粟米可以煮着吃或蒸着吃，能較好地保存粟米本身所含的營養成分；粟米麵可以做成粟米餅、粟米粥等，這樣粟米中所含的菸酸更容易被人體吸收、利用。病人食用。

✘ 烤粟米。烤粟米雖然味道比較好，但是由於在燒烤過程中使用的明火溫度過高，受熱不均，易生成致癌物質，因此應少吃或不吃。

營養成分（每100克含）

營養成分	含量
蛋白質	4 克
脂肪	1.2 克
碳水化合物	22.8 克
膳食纖維（不溶性）	2.9 克
維他命 B_1	0.16 毫克
維他命 B_2	0.11 毫克
維他命 C	16 毫克
磷	117 毫克
鎂	32 毫克
鐵	1.1 毫克

如果給小朋友食用，要控制冰糖的量。

冰糖五彩粟米羹

材料：

粟米粒100克，雞蛋2隻，豌豆30克，菠蘿20克，枸杞子15克，冰糖、生粉水各適量。

做法：

①將粟米粒蒸熟；菠蘿洗淨，切丁；豌豆洗淨。

②鍋中加入適量水，放入粟米粒、菠蘿丁、豌豆、枸杞子、冰糖，同煮5分鐘，用生粉水勾芡，使汁變濃。

③將雞蛋打散，撒入鍋內成蛋花，燒開後即可食用。

功效：

粟米能促消化，豌豆能緩解脾胃不適，菠蘿能消食止瀉。

粟米＋排骨  排骨可以補充粟米蛋白質中的賴氨酸、色氨酸、蛋氨酸不足。兩者搭配，可以營養互補。

粟米＋馬鈴薯  粟米與馬鈴薯同食，會使體內吸收澱粉過多，導致積食、消化不良。

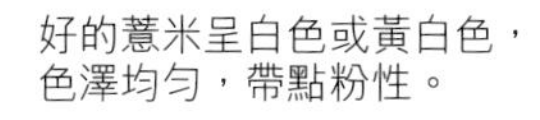
好的薏米呈白色或黃白色，
色澤均勻，帶點粉性。

薏米

性味 性涼，味甘、淡。

酸鹼性 中／弱酸性

防治關鍵點 ▶ **健脾益胃，抑制癌細胞**

薏米可作糧食食用，味道和粳米相似，且易消化吸收。佐餐食用，能清暑利濕。

養腸胃作用

薏米富含優質的蛋白質，具有利水、健脾益胃、促消化的功效。

薏米中的成分薏苡仁酯，不僅具有滋補作用，而且還是一種抗癌劑，能抑制艾氏腹水癌細胞，可用於胃癌及宮頸癌的輔助治療。

人群宜忌

✔ 適宜久病體虛、濕氣較重的人食用，可以健脾化濕，預防脾虛泄瀉、胃癌等症；老人、婦女、兒童經常食用，可以利水、消腫，有益健康。

✖ 孕婦及津枯便秘患者忌用；滑精、小便多者不宜食用。

食用宜忌

✔ 煮粥或煲湯均可。

✖ 直接烹調。薏米煮前應浸泡，不然會乾硬。

營養成分（每100克含）

營養成分	含量
蛋白質	12.8 克
脂肪	3.3 克
碳水化合物	71.1 克
膳食纖維（不溶性）	2 克
維他命 B_1	0.22 毫克
維他命 B_2	0.15 毫克
鈣	42 毫克
磷	217 毫克
鎂	88 毫克
鐵	3.6 毫克

懷孕期間不宜食用。

薏米蓮子百合粥

材料：
薏米、蓮子(去心)、乾百合各50克，粳米100克，蜂蜜適量。

做法：
①薏米洗淨泡一晚；乾百合洗淨泡發；粳米、蓮子洗淨。
②鍋置火上，加入適量水、粳米和薏米，水開後加入蓮子和百合，大火燒開轉小火燒30分鐘。
③稍微冷卻後加入蜂蜜即可。

功效：
本品有健脾祛濕、潤肺止瀉、健膚美容的作用，適用於大便溏稀、下肢濕疹、面部痤瘡等症。

配搭宜忌

配搭	宜忌	說明
薏米＋赤小豆	✔	赤小豆可刺激腸道，有良好的利尿作用，能戒酒、解毒，對心臟病和腎病、水腫者有益。二者同食能祛除體內的濕氣。
薏米＋綠豆	 ✖	薏米和綠豆均性涼，二者同食，會加重胃寒。

蕎麥

性涼，味甘、淡。

弱酸性

蕎麥顆粒較細小，易煮熟、易消化、易加工。

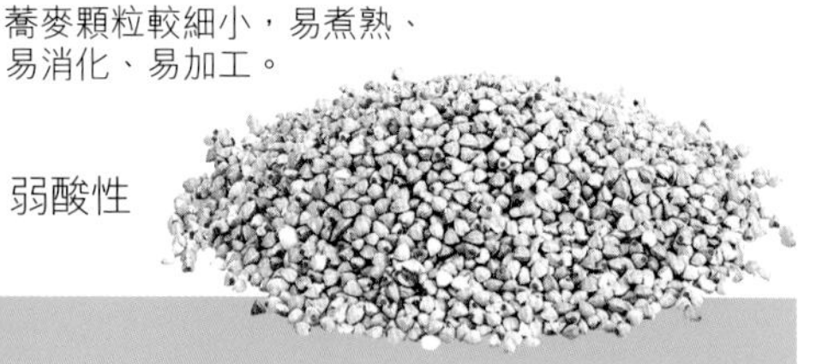

防治關鍵點 ▶ **加速排便，預防便秘**

蕎麥別名甜蕎、烏麥、三角麥等。有開胃寬腸、下氣消積的功效，可治絞腸痧、腸胃積滯、慢性泄瀉等病症。

養腸胃作用

蕎麥中的膳食纖維含量是麵粉的4倍、粳米的9倍，能刺激腸蠕動，加速糞便排泄，預防便秘。

蕎麥有抑制癌細胞的功效，可以降低腸道內致癌物質的濃度，從而減少結腸癌和直腸癌的發病率。

人群宜忌

- ✔ 適宜便秘、高血壓、高脂血症、冠心病、糖尿病患者食用。
- ✘ 脾胃虛寒、消化功能不佳及經常腹瀉者忌食。

食用宜忌

- ✔ 煮粥、磨粉。可與粳米、桂圓等食材同煮，營養豐富；可磨粉後製成麵條、烙餅等，口味更多變，營養成分也得以保存。
- ✘ 單獨食用蕎麥製品。蕎麥蛋白質、氨基酸含量較低，應與小麥、粟米等混用。

營養成分（每100克含）

營養成分	含量
蛋白質	9.3 克
脂肪	2.3 克
碳水化合物	73 克
膳食纖維（不溶性）	6.5 克
維他命 B_1	0.28 毫克
維他命 B_2	0.16 毫克
鋅	3.62 毫克
磷	297 毫克
鎂	258 毫克
鐵	6.2 毫克

熬煮蕎麥粥時，要不時添入開水來稀釋粥底。

蕎麥粥

材料：

蕎麥50克，粳米25克。

做法：

①蕎麥淘洗乾淨，浸泡3小時；粳米洗淨。

②鍋置火上，加入適量水煮沸，放入蕎麥、粳米，大火燒開後，轉小火熬成稠粥即可。

功效：

蕎麥具有消積化滯的功效，與粳米同用，熬煮出濃濃的香粥，可補脾和胃、促進消化吸收。

配搭宜忌

配搭	宜忌	說明
蕎麥＋蜂蜜		蕎麥可消積寬腸胃，蜂蜜有潤腸通便的作用，二者搭配可防治便秘。
蕎麥＋黃魚		蕎麥性寒，黃魚有小毒，二者搭配不利於消化，甚至會損傷腸胃。

黃豆

腸胃發脹者忌食

黃豆含不利於健康的抗胰蛋白酶和凝血酶，不宜生食。

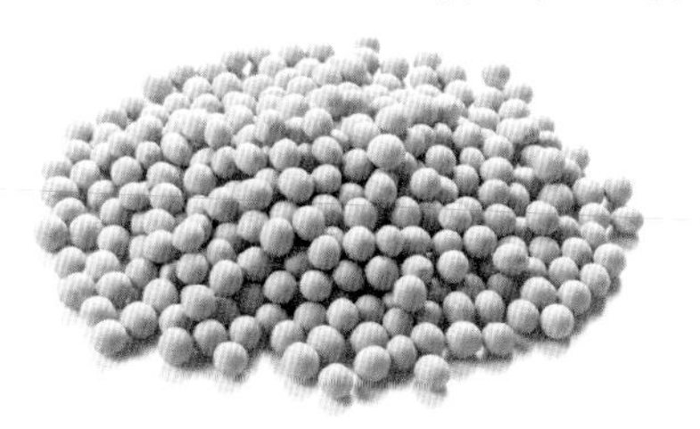

忌吃人群：容易腸脹、胃脹、腸鳴的人，急性胃炎、慢性淺表性胃炎、胃潰瘍患者不宜食用。

為什麼不能吃黃豆

黃豆中含有的可溶性纖維，既可通便，又可減少膽固醇。但是，黃豆中碳水化合物含量為25%~30%，有一半是膳食纖維，其中棉子糖和水蘇糖在腸道細菌作用下發酵產生氣體，可引起腹脹。因此，腸胃發脹者應忌食黃豆。

綠豆

胃寒者忌食

兒童胃黏膜結構薄弱，不宜過多食用綠豆。

忌吃人群：綠豆性屬寒涼，因此寒性體質者，平素脾虛胃寒、易瀉者，以及老、幼、體質虛弱者不宜食用。綠豆有解毒的作用，所以正在服藥者也不宜食用。

為什麼不能吃綠豆

綠豆性寒，過量食用綠豆會導致胃寒或慢性胃炎等消化系統疾病。綠豆中蛋白質含量比雞肉多，大分子蛋白質需要在酶的作用下，轉化為小分子肽、氨基酸才能被人體吸收。腸胃消化功能不好的人，很難在短時間內消化掉綠豆蛋白，因此容易因消化不良導致腹瀉、腹痛、嘔吐等。

糯米

胃潰瘍患者忌食

糯米性溫黏膩，脾胃虛弱所致的消化不良者應慎用。

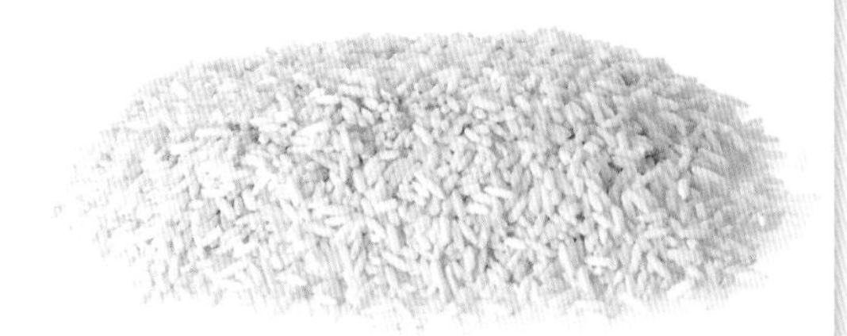

忌吃人群：濕熱痰火偏盛、發熱、咳嗽痰黃、黃疸、腹脹、糖尿病等病症患者不宜過多食用，胃潰瘍患者忌食。

為什麼不能吃糯米

糯米含有蛋白質、脂肪、糖類及澱粉等，營養豐富，為溫補強壯食品，具有補中益氣、健脾養胃、止虛汗的功效，對食慾不佳、腹脹、腹瀉有一定緩解作用。但是糯米難以消化，會滯留在胃裏，時間久了會刺激胃壁細胞及胃幽門部的細胞，加重胃酸分泌，胃潰瘍患者食用後會使疼痛加劇，甚至誘發胃穿孔、胃出血等症。

番薯

氣滯食積者忌食

番薯缺少蛋白質和脂肪，不宜單一食用。

忌吃人群：濕熱痰火偏盛、發熱、咳嗽痰黃、黃疸、腹脹、糖尿病等病症患者不宜過多食用，氣滯食積者忌食。

為什麼不能吃番薯

番薯含有豐富的膳食纖維，能加快消化道蠕動，有助於排便，清理消化道，縮短食物中有毒物質在腸道內的滯留時間，減少因便秘而引起的人體自身中毒，預防腸道癌。但是番薯的含糖量較高，會刺激胃酸的分泌。另外，番薯中含有一種氧化酶，容易使人產生腹脹。因此，氣滯食積者應忌食番薯。

馬鈴薯

性味 性平，味甘。  鹼性

馬鈴薯中含有豐富的膳食纖維，可疏通腸道、促消化。

防治關鍵點 ▶ **改善消化不良，防止便秘**

馬鈴薯含有豐富的膳食纖維，有助於促進腸胃蠕動，疏通腸道，還含有豐富的維他命 B_1、維他命 B_2、維他命 B_6 和維他命 B_5 等維他命 B 雜，以及禾穀類糧食中所沒有的胡蘿蔔素和維他命 C，並含有豐富的鉀鹽。

養腸胃作用

馬鈴薯中富含膳食纖維，可以促進腸胃的蠕動，疏通腸道，改善消化不良。腸胃對馬鈴薯的消化吸收較慢，因此馬鈴薯停留在腸道中的時間比米飯長，所以更有飽腹感，同時它還能幫助人體帶走一些油脂和垃圾，具有一定的通便排毒作用。

馬鈴薯中含有的抗菌成分可以預防胃潰瘍。

人群宜忌

- ✔ 一般人群均可食用，尤其適宜消化不良、便秘、慢性胃痛患者食用。
- ✖ 糖尿病患者不宜過多食用。

食用宜忌

- ✔ 做菜，做主食。馬鈴薯當做菜來吃，可以炒、燉、溜、涼拌等；作為主食，可以煮、蒸。
- ✖ 不宜油炸，比如薯條、薯片等，不宜多食。

營養成分（每 100 克含）

蛋白質	2 克
脂肪	0.2 克
碳水化合物	17.2 克
膳食纖維（不溶性）	2 克
維他命 B_2	0.04 毫克
維他命 C	27 毫克
胡蘿蔔素	30 微克
硒	0.78 微克
鉀	342 毫克

冬季常飲本品，可增強人體抵抗力。

番茄馬鈴薯牛肉湯

材料：牛肉、馬鈴薯各 100 克，番茄 1 個，白糖、鹽、薑片、紹酒、生粉各適量。

做法：

①將白糖、鹽和適量紹酒、生粉拌勻，調成醃料；將牛肉切薄片，加入醃料；番茄、馬鈴薯切塊。

②水燒沸放入番茄、馬鈴薯和薑片。

③待番茄、馬鈴薯熟後，再放入牛肉，等牛肉熟爛，加少許鹽即可。

功效：

此湯適宜冬天飲用，可增強抵抗力，促進腸胃的消化。

馬鈴薯＋豬肉	✔	豬肉富含維他命 B_1 和鋅，和馬鈴薯搭配食用，有助於馬鈴薯中糖類的代謝，能夠促進消化，改進腸胃功能。
馬鈴薯＋柿子	✖	馬鈴薯在胃裏會產生大量的胃酸，柿子中的鞣酸在胃酸的作用下會產生沉澱，難以消化不易排出，會對腸胃造成損害。

南瓜中所含的果膠可以保護胃腸道黏膜。

南瓜

性味：性溫，味甘。 酸鹼性：鹼性

防治關鍵點 ▶ **促進腸胃蠕動，通便**

南瓜果實可作蔬菜，種子含油可食用，且果實和瓜蒂常入藥，能驅蟲、健脾、下乳。其對人體的有益成分有多糖、氨基酸、活性蛋白類、胡蘿蔔素及多種微量元素等。

養腸胃作用

南瓜含有豐富的胡蘿蔔素和維他命C，可以健脾，預防胃炎。

南瓜富含維他命A，維他命A能保護腸胃黏膜，防止胃炎、胃潰瘍等疾患的發生。

南瓜中所含的甘露醇有通大便的作用，可減少糞便中毒素對人體的危害，防止結腸癌的發生。

人群宜忌

✔ 南瓜可補中益氣，降血脂，降血糖，清熱解毒，保護胃黏膜，幫助消化。適用於脾虛、營養不良、肺癰者食用。

✘ 多吃會助長濕熱，尤其是患有黃疸、腳氣病以及皮膚患有瘡毒的患者不宜多食用。

食用宜忌

✔ 炒、蒸、煮、燉、熬粥、做餅，都可以做出美味的佳餚。

✘ 不能生吃、涼拌。

營養成分（每100克含）

營養成分	含量
蛋白質	0.7 克
脂肪	0.1 克
碳水化合物	5.3 克
膳食纖維（不溶性）	0.8 克
水分	93.5 克
胡蘿蔔素	890 微克
硒	0.46 微克
維他命C	8 毫克
錳	0.08 毫克
鈣	16 毫克

也可將南瓜放入攪拌機中攪打成泥，口感更順滑。

黃豆糙米南瓜粥

材料：

黃豆50克，糙米100克，南瓜120克，鹽適量。

做法：

①黃豆泡水3~4小時，糙米泡水1小時，南瓜去皮切塊。

②鍋中放入黃豆和適量水，用中火煮至黃豆酥軟。

③加入糙米及南瓜，改用大火煮開，再改小火煮至豆酥瓜香，加少許鹽調味即可。

功效：

南瓜有預防便秘和結腸癌的功效；糙米中的米糠具有通順腸道的作用，對經常便秘的人大有裨益。

配搭宜忌

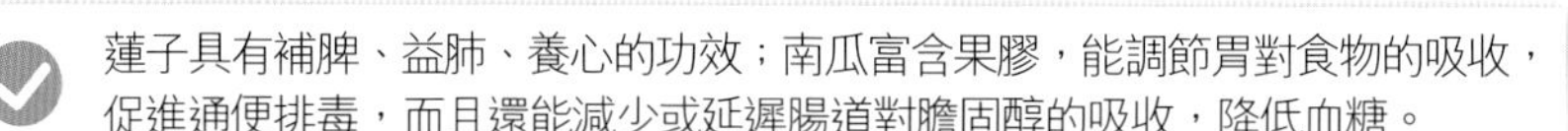

南瓜＋蓮子 ✔ 蓮子具有補脾、益肺、養心的功效；南瓜富含果膠，能調節胃對食物的吸收，促進通便排毒，而且還能減少或延遲腸道對膽固醇的吸收，降低血糖。

南瓜＋羊肉 ✘ 南瓜可補中益氣，保護胃黏膜；羊肉性熱，補虛損。二者同食會令腸胃堵塞，引發腹脹、便秘等症。

蓮藕

性涼，
味甘。

酸鹼性 中/弱鹼性

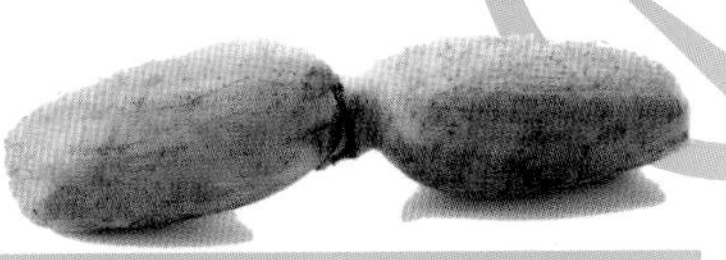
蓮藕微甜而脆，除了可以做菜，藥用價值也高。

防治關鍵點

▶開胃健中，增進食慾

蓮藕微甜而脆，可生食也可做菜。藥用價值相當高，它的根、葉、花須、果實，無不為寶，都可滋補入藥。用蓮藕製成粉，能消食止瀉，開胃清熱，預防內出血。

養腸胃作用

蓮藕中含有黏液蛋白和膳食纖維，能與人體內膽酸鹽、食物中的膽固醇及甘油三酯結合，使其從糞便中排出，從而減少脂類的吸收。蓮藕含有鞣酸，有一定健脾止瀉的作用，能增進食慾，有益於胃納不佳、食慾不振者恢復健康。

人群宜忌

✔ 蓮藕適宜吐血、口鼻出血、咯血、尿血、高血壓、肝病、便秘以及血友病患者榨汁服用。

✖ 脾胃虛寒者不宜生食。

食用宜忌

✔ 做菜，做主食。蓮藕當做菜來吃，可以炒、燉、熘、涼拌等；作為主食，可以煮、蒸；其含有豐富的澱粉，可以疏通腸道，促進消化。但糖尿病患者應適量攝入，以防引起血糖升高。

✖ 生蓮藕性涼，不利於消化吸收，因此不宜生吃。

營養成分（每100克含）

營養成分	含量
蛋白質	1.9 克
脂肪	0.2 克
碳水化合物	16.4 克
膳食纖維（不溶性）	1.2 克
維他命 B_1	0.09 毫克
維他命 B_2	0.03 毫克
硒	0.39 微克
磷	58 毫克
鉀	243 毫克

此菜宜用砂鍋燉煮。

蓮藕燉牛腩

材料：牛腩100克，蓮藕60克，赤小豆30克，薑片、鹽各適量。

做法：

①牛腩洗淨，切大塊；蓮藕洗淨，去皮，切塊；赤小豆用水浸泡30分鐘。
②牛腩塊汆水，取出後再過涼水，洗淨，瀝乾。
③將牛腩塊、蓮藕塊、赤小豆、薑片放入鍋內，加水用大火煮開。
④轉小火慢煲2小時，加鹽調味即可。

功效：

常食本品可滋養美容、健胃潤腸，體質虛弱者可以多吃。適用於大便溏稀、下肢濕疹、面部痤瘡等症。

配搭宜忌		
蓮藕＋百合	✔	蓮藕能健脾止瀉，並且和百合都有清心安神、潤肺止咳的功效。二者同食效果更佳。
蓮藕＋黃豆	✖	黃豆中含有豐富的鐵質，不能與含纖維素多的蓮藕同食，因為纖維素會影響人體對鐵的吸收。

菠菜

性涼，味甘、辛。

中鹼性

菠菜中富含鐵，常吃菠菜可以面色紅潤。

防治關鍵點 ▶ **幫助消化，清理體內熱毒**

菠菜又稱菠薐、波斯菜。其營養豐富，含水分、碳水化合物、蛋白質、脂肪、膳食纖維、胡蘿蔔素、維他命B_1、維他命B_2、維他命C、葉酸、鉀、鈉、鈣、磷、鐵、鎂、鋅等營養元素。有潤燥滑腸、清熱除煩的功效。

養腸胃作用

菠菜含有大量的植物膳食纖維，具有促進腸道蠕動的作用，且能促進胰腺分泌，幫助消化。

菠菜可以清理人體腸胃裏的熱毒，避免便秘，保持排泄的通暢。

人群宜忌

✔ 一般人群均可食用，特別適合老、幼、病、弱者食用，電腦工作者、愛美的人也應常食菠菜，糖尿病患者經常吃些菠菜有利於血糖保持穩定。

✘ 脾虛便溏者不宜多食。

食用宜忌

✔ 先汆水再食用。無論是炒、涼拌，還是做湯，吃菠菜時都可以先汆一下水再食用，這樣可以去除菠菜中80%的草酸。

✘ 直接用生菠菜做湯喝。菠菜中的草酸易溶於水，所以直接用生菠菜做湯不利於營養物質的吸收和利用。

營養成分(每100克含)

蛋白質	2.6 克
脂肪	0.3 克
碳水化合物	4.5 克
膳食纖維（不溶性）	1.7 克
胡蘿蔔素	2920 微克
維他命 B_1	0.04 毫克
維他命 B_2	0.11 毫克
維他命 C	32 毫克
鋅	0.85 毫克
磷	47 毫克

製作麵糊時，用筷子挑起麵糊，以麵糊能自然流動滴落為佳。

菠菜胡蘿蔔蛋餅

材料：菠菜100克，胡蘿蔔50克，雞蛋3隻，麵粉120克，葱花、油、鹽各適量。

做法：

①胡蘿蔔洗淨去皮，刨絲；鍋入少許油，下入胡蘿蔔絲和葱花，煸炒至胡蘿蔔變軟。
②菠菜洗淨，汆水，切段；雞蛋打散，放入菠菜段和炒好的胡蘿蔔絲。
③倒入麵粉、鹽和適量水攪勻。
④平底鍋抹油，倒入麵糊，小火煎熟。

功效：

常吃此餅可調理脾胃功能，預防便秘。

✔ 菠菜能促進胰島素的分泌，降低血糖；薑中的薑酮醇成分能夠緩解血壓升高。二者同食，可以預防糖尿病。

菠菜＋豆腐 
菠菜中含有的草酸和草酸鹽與豆腐中的鈣結合，會影響人體對鈣的吸收，長期大量共同食用可引起結石。

不宜生吃未成熟的青色番茄，因其含有毒的龍葵鹼。

番茄

性味 性涼、微寒，味甘、酸。

酸鹼性 強鹼性

防治關鍵點

預防胃癌，防止便秘

番茄富含維他命A、維他命C、維他命B_1、維他命B_2，以及胡蘿蔔素和鈣、磷、鉀、鎂、鐵、鋅、銅和碘等多種元素，還含有蛋白質、糖類、有機酸、膳食纖維，有清熱止渴，養陰涼血的功效。

養腸胃作用

番茄中所含的蘋果酸、檸檬酸等有機酸，能促使胃液分泌，調整腸胃功能，有助於腸胃疾病的康復。

番茄中所含的果酸及膳食纖維，有助消化、潤腸通便的作用，可防治便秘。

人群宜忌

✔ 適宜於熱性病發熱，口渴，食慾不振，習慣性牙齦出血，貧血，頭暈，心悸，高血壓，急、慢性肝炎，急、慢性腎炎，夜盲症和近視的人食用。

✘ 急性腸炎、菌痢及潰瘍活動期病人不宜食用。

食用宜忌

✔ 生吃或燉、炒、做湯。番茄可以生吃，營養保存全面；也可以燉着吃，炒着吃，或煲湯吃，有助於調節腸胃功能。

✘ 番茄不可久煮，其中所含的番茄紅素就會遇光、熱和氧氣而分解，從而造成營養成分的丟失。

營養成分(每100克含)

營養成分	含量
蛋白質	0.9克
脂肪	0.2克
碳水化合物	4克
水分	94.4克
胡蘿蔔素	550微克
維他命B_1	0.03毫克
維他命B_2	0.03毫克
維他命C	19毫克
鉀	163毫克

最佳比例為兩個雞蛋搭配兩個中等大小的番茄。

番茄炒雞蛋

材料：番茄300克，雞蛋3隻，鹽、油、白糖各適量。

做法：

①將番茄洗淨，去皮，去蒂，切塊。
②將雞蛋打入碗中，充分攪打均勻。
③鍋中倒入油燒熱，倒入蛋液炒熟，出鍋。
④重新倒入適量油加熱，放入番茄煸炒至出水，將雞蛋倒入，加白糖和鹽炒勻即可。

功效：

番茄含有豐富的胡蘿蔔素和維他命C；雞蛋含有大量的維他命和礦物質。

配搭宜忌

番茄＋豆腐 ✔ 番茄具有生津止渴、健胃消食的作用，豆腐能夠生津潤燥、清熱解毒。二者搭配食用，效果更好。

番茄＋番薯 ✘ 番茄和番薯一同食用，會在胃部形成沉澱物，引起消化不良，甚至嘔吐、腹瀉、腹痛等腸胃疾病。

洋蔥

慢性胃炎患者忌食

長期吃洋蔥，會口氣重，因此不宜多食。

忌吃人群：凡有皮膚瘙癢性疾病、眼疾以及胃病，熱病患者少吃，慢性胃炎患者忌食。

為什麼不能吃洋蔥

洋蔥辛溫，味道辛辣，可刺激胃的腺體，使胃酸分泌過多，從而加重病情；洋蔥在消化的過程中容易產生過量的氣體，會導致腹脹；洋蔥性溫，多食可積溫成熱，肝胃鬱熱型的慢性胃炎患者食用後會加重病情。

韭菜

胃潰瘍患者忌食

消化不良的人吃韭菜易導致胃灼熱。

忌吃人群：陰虛火旺、有眼疾和腸胃虛弱的人不宜多食，胃潰瘍患者忌食。

為什麼不能吃韭菜

韭菜含有大量維他命和膳食纖維，能增進腸胃蠕動，治療便秘，預防腸癌。但是韭菜味辛，性溫，入肝、胃、腎經。多吃容易上火且不易消化，而且韭菜中含有的硫化物具有較強的刺激性，食用後會刺激胃腺體分泌胃液，從而導致胃潰瘍。

馬齒莧

脾胃虛弱者忌食

馬齒莧會造成滑胎，因此孕婦要忌食。

忌吃人群：凡脾胃虛弱、腹瀉便溏之人忌食；懷孕婦女，尤其是有習慣性流產的孕婦忌食。

為什麼不能吃馬齒莧

馬齒莧對痢疾桿菌、大腸桿菌、金黃色葡萄球菌等多種細菌都有強力抑制作用，有“天然抗生素”的美稱，但是馬齒莧性味酸寒，脾胃虛弱的人吃了，會造成腸胃負擔，引起胃炎。

高血壓、血管硬化的人要少吃。

芥菜

刺激胃黏膜

高血壓、血管硬化的人要少吃。

忌吃人群：高血壓、血管硬化的病人應少食。內熱偏盛、患有熱性咳嗽患者，以及瘡瘍、痔瘡、便血及有眼疾的人不宜食用。

為什麼不能吃芥菜

芥菜類蔬菜常被製成醃製品食用，有開胃消食的作用，因為芥菜醃製後有一種特殊鮮味和香味，能促進腸胃消化功能，增進食慾，可用來開胃，幫助消化。但是芥菜醃製後含有大量的鹽分，容易產生大量的亞硝酸鹽。亞硝酸鹽入侵失去黏液保護的胃黏膜，會促使胃黏膜細胞局部癌變。

香菇

性味 性寒，味微苦。

鹼性

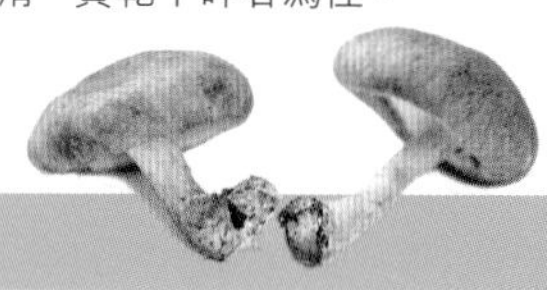

體圓齊正、菌傘肥厚、蓋面平滑、質乾不碎者為佳。

防治關鍵點 ▶ **促進食慾，預防胃病**

香菇又名冬菇、香蕈，是一種高蛋白、低脂肪，含有多糖、多種氨基酸和多種維他命的菌類食物。具有提高機體免疫功能、延緩衰老、抗癌防癌、降血壓、降血脂、降膽固醇等功能。食用的部分一般為香菇子實體，鮮香菇脫水即成乾香菇，便於運輸保存。

養腸胃作用

香菇中含有的香菇素可以促進食慾，有效改善食慾不振；香菇中含有的膳食纖維，能夠促進腸胃蠕動，防止便秘。

香菇中還富含硒元素，能有效清除體內的自由基，增強人體免疫功能，預防胃炎、胃癌等腸胃疾病。

人群宜忌

- ✔ 一般人群均可食用，適宜高血壓、高膽固醇、高脂血症的人食用，可預防動脈硬化、肝硬化等疾病。
- ✖ 脾胃寒濕氣滯和患頑固性皮膚瘙癢者不宜食用。

食用宜忌

- ✔ 可以炒、燉、煮、涮火鍋、煲湯、做餡等。
- ✖ 長得特別大的鮮香菇慎吃。

營養成分(每100克含)

蛋白質	2.2 克
脂肪	0.3 克
碳水化合物	5.2 克
膳食纖維（不溶性）	3.3 克
維他命 B_2	0.08 毫克
維他命 C	1 毫克
鋅	0.66 毫克
硒	2.58 微克

宜選用北豆腐，蛋白質含量高，且不易碎。

香菇豆腐塔

材料：豆腐50克，芫荽10克，香菇20克，鹽適量。

做法：

①豆腐洗淨，切成四方小塊，中心挖空備用。
②香菇和芫荽一起剁碎，加入適量鹽拌勻成餡料。
③將餡料填入豆腐中心，擺盤蒸熟即可。

功效：

香菇與豆腐同食，可清熱解毒、補氣生津、化痰理氣，對食慾不振、身體乏力、慢性胃炎患者有很好的食療作用。

香菇＋萵筍  二者搭配食用，可以利尿通便、降脂降壓，對預防便秘、腎炎、高血壓等症十分有效。

香菇＋番茄  二者搭配食用，會破壞番茄中所含的胡蘿蔔素。

金菇

性平，味微甘。

鹼性

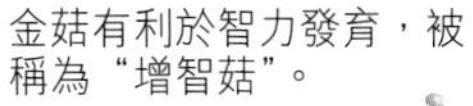

防治關鍵點

防治胃潰瘍，延緩衰老

金菇又稱冬菇、毛柄小火菇，是一種菌藻地衣類植物。具有很高的藥用食療價值，金菇氨基酸的含量非常高，且含鋅量比較高，具有補肝、益腸胃、抗癌、益智的功效。

養腸胃作用

金菇富含賴氨酸和精氨酸，能促進兒童生長發育，提高智力，還能防治肝炎、胃潰瘍等疾病。

另外，金菇中所含的樸菇素和活性多糖，對癌細胞有抑制作用，還可降低血壓，延緩衰老。

人群宜忌

- ✔ 適合氣血不足、營養不良的老人、兒童，癌症患者，肝臟病及胃腸道潰瘍，心腦血管疾病患者食用。
- ✘ 金菇性寒，故平素脾胃虛寒、腹瀉便溏的人忌食。

食用宜忌

- ✔ 可涼拌、炒、熗、溜、燒、燉、煮、蒸，做湯。
- ✘ 不宜生吃。

營養成分(每100克含)

蛋白質	2.4 克
脂肪	0.4 克
碳水化合物	6 克
膳食纖維（不溶性）	2.7 克
維他命 C	2 毫克
鋅	0.39 毫克
磷	97 毫克

最好選用土雞，肉質更鮮嫩。

蘆筍金菇雞湯

材料：蘆筍、雞胸肉各100克，金菇20克，雞蛋白、高湯、生粉、鹽各適量。

做法：

①雞胸肉切絲，用雞蛋白、鹽、生粉醃20分鐘。
②蘆筍切段，金菇洗淨。
③雞肉絲用開水燙熟。
④鍋中放入高湯，加肉絲、蘆筍、金菇同煮，待沸後加鹽即可。

功效：

金菇可以益脾胃，促消化，雞肉營養豐富。二者搭配，可以清熱解毒，潤腸通便，預防便秘和腸癌。

金菇＋豆腐		金菇具有益智強體的功效，豆腐中富含植物蛋白質。兩者搭配，適宜於營養不良、腸胃不暢等患者食用，而且有抑制癌細胞的功效。
金菇＋驢肉		金菇性寒，驢肉性涼，二者同食會使腸胃受到過多寒涼的刺激，而導致腹痛、腹瀉。

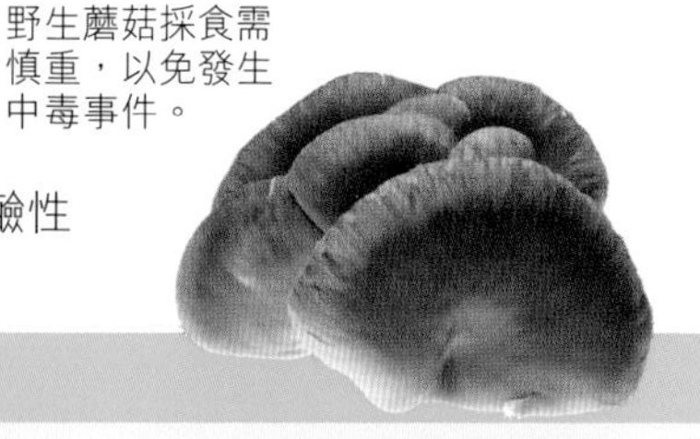

野生蘑菇採食需慎重，以免發生中毒事件。

蘑菇

性涼，味甘。

鹼性

防治關鍵點 ▶ **促進新陳代謝，預防便秘**

蘑菇由菌絲和子實體兩部分組成，營養豐富，富含人體必需的氨基酸、礦物質、維他命和多糖等營養成分。其是一種高蛋白、低脂肪的營養保健食品。

養腸胃作用

蘑菇中含有人體很難消化的膳食纖維、半膳食纖維和木質素，可保持腸內水分，並吸收餘下的膽固醇、糖分，將其排出體外，可預防便秘、腸癌、動脈硬化。

蘑菇中的維他命C比一般水果要高很多，可促進人體的新陳代謝。

人群宜忌

✔ 一般人群均可食用，尤其適宜免疫力低下、高血壓、糖尿病患者以及老年人食用。

✘ 對蘑菇過敏者忌食，便瀉者應慎食。

食用宜忌

✔ 可炒、熘、燴、炸、拌、做湯，也可釀、蒸、燒。

✘ 不宜生吃。

營養成分（每100克含）

蛋白質	2.7 克
脂肪	0.1 克
碳水化合物	4.1 克
膳食纖維（不溶性）	2.1 克
胡蘿蔔素	10 微克
維他命 C	2 毫克
鈣	6 毫克
磷	94 毫克
鉀	312 毫克
鈉	8.3 毫克

濕熱痰滯內蘊者不宜多食。

蘑菇瘦肉豆腐羹

材料：蘑菇、豬瘦肉各50 克，豆腐100 克，胡蘿蔔、鹽、高湯、麻油、生粉水、葱花、薑末各適量。

做法：

①蘑菇洗淨後切開，豬瘦肉、胡蘿蔔洗淨後切片，豆腐切塊。

②鍋內麻油燒熟後，加入葱花、薑末爆香，放入豬瘦肉、蘑菇翻炒，加入鹽、高湯，放入豆腐、胡蘿蔔，用生粉水勾芡即可。

功效：

這道豆腐羹可健脾和中、通利腸胃，對慢性胃炎有很好的食療作用。

蘑菇 + 雞肉  蘑菇有助消化、益五臟的功效，雞肉具有滋陰補腎的作用。二者同食，對食慾減退、腹脹、胃炎、胃潰瘍患者有較好的食療功效。

蘑菇 + 鵪鶉肉  二者同食，尤其是自採的蘑菇，易發生中毒。

木耳

性味 性平，味甘，有小毒。

酸鹼性 鹼性

木耳為"素中之葷"，營養價值可與動物性食物相媲美。

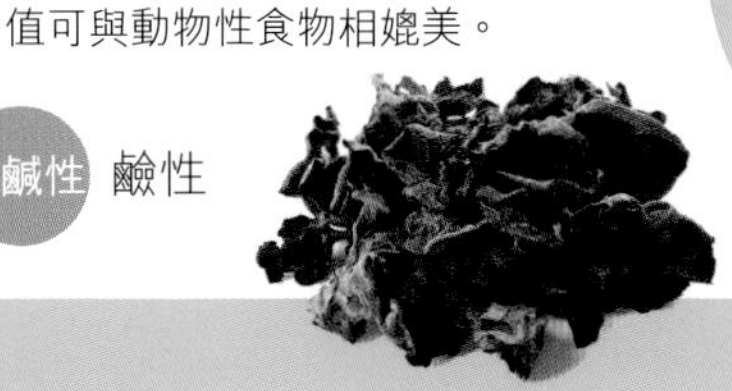

防治關鍵點 ▶ **清理腸胃，預防癌症**

木耳生長於櫟、楊、榕、槐等120多種闊葉樹的腐木上，單生或群生。含蛋白質、脂肪、多糖和鈣、磷、鐵等元素以及多種維他命。

養腸胃作用

木耳中的膠質可把殘留在人體消化系統內的灰塵、雜質吸附集中起來排出體外，從而起到清胃滌腸的作用。

木耳含有抗腫瘤活性物質，能增強機體免疫力，經常食用可防癌抗癌。

人群宜忌

✔ 適合久病體弱、腰腿酸軟、肢體麻木、貧血、高血壓、冠心病、腦血栓、癌症等患者食用。

✖ 有出血性疾病的人慎用。

食用宜忌

✔ 宜在開水中燙過後烹調成各種熟食。

✖ 不宜生吃。

營養成分(每100克含)此表內數據為乾木耳的營養成分

蛋白質	12.1 克
脂肪	1.5 克
碳水化合物	65.6 克
膳食纖維（不溶性）	29.9 克
維他命 B_1	0.17 毫克
維他命 B_2	0.44 毫克
鉀	757 毫克

木耳水發之後要洗幾次，去掉硬根，以免影響口感。

木耳炒雞蛋

材料：雞蛋2隻，水發木耳50克，葱花、芫荽、鹽、油各適量。

做法：

①將水發木耳洗淨，瀝水；將雞蛋打入碗內，備用。

②炒鍋燒熱，加油適量，稍燒熱，將雞蛋倒入，炒熟後，出鍋備用。

③將木耳放入鍋內炒幾下，再放入雞蛋，加入鹽、葱花、芫荽調味即可。

功效：

木耳有益氣強智、止血止痛、補血活血等功效。

配搭宜忌

木耳＋青筍 ✔ 青筍中維他命C的含量較高，可促進人體對木耳中所含鐵元素的吸收。兩者搭配，具有補血作用。

木耳＋田螺 ✖ 木耳中所含的磷脂、植物膠等物質易與田螺中的生物活性物質發生不良反應，有損腸胃。

銀耳為滋補佳品，被稱作“長生不老良藥”。

銀耳

性味：性平，味甘。

酸鹼性：鹼性

防治關鍵點 ▶ 幫助腸胃蠕動，減少脂肪吸收

銀耳又稱白木耳、雪耳，既有補脾開胃的功效，又有益氣清腸、滋陰潤肺的作用，既能增強人體免疫力，又可增強腫瘤患者對放療、化療的耐受性。

養腸胃作用

銀耳中的膳食纖維可助腸胃蠕動，減少脂肪吸收，從而達到減肥的效果。銀耳還有通便的作用，保持大便通暢，可以維護皮膚的光潤。

人群宜忌

- ✔ 適合氣血不足、營養不良的老人、兒童，癌症患者，肝臟病及胃腸道潰瘍，心腦血管疾病患者食用。
- ✘ 外感風寒引起的感冒、咳嗽或因濕熱引起的咳嗽多痰，或陽虛畏寒者，均不宜食用。

食用宜忌

- ✔ 可與其他食材搭配，煲湯、煮粥。
- ✘ 不宜生吃。

營養成分（每100克含）此表內數據為乾銀耳的營養成分

營養成分	含量
蛋白質	10 克
脂肪	1.4 克
碳水化合物	67.3 克
膳食纖維（不溶性）	30.4 克
胡蘿蔔素	50 微克
維他命 B_1	0.05 毫克
維他命 B_2	0.25 毫克
鉀	1588 毫克
磷	369 微克
硒	2.95 微克

婦女產後或老人生病時，可喝此湯來補身體。

銀耳雞湯

材料：銀耳20克，雞湯、鹽、白糖各適量。

做法：

①將銀耳洗淨，泡發後去蒂。

②將銀耳放入砂鍋中，加入適量水，用小火燉30分鐘左右。

③待銀耳燉透後放入雞湯，等燒沸後，加入鹽、白糖調味即可。

功效：

銀耳雞湯是適宜於氣虛體弱、氣陰不足、失眠多夢、健忘心悸、焦慮不安等病症的藥膳。

銀耳＋雪梨  滋陰潤肺，治療久咳不癒者效果佳。

銀耳＋白蘿蔔  銀耳性平，白蘿蔔性辛，二者搭配，易患皮炎。

食用猴頭菇要經過洗滌、漲發、漂洗和烹製，才能將營養完全析出。

猴頭菇

性味 性平，味甘。

鹼性

防治關鍵點 ▶ **助消化，預防腸道疾病**

猴頭菇又名猴頭菌，既可作為食材也可作為藥材。含揮發油、蛋白質、多糖類、氨基酸等成分。利五臟，助消化，有健胃、補虛、抗癌、降血脂、益腎精之功效。

養腸胃作用

猴頭菇中含有多種氨基酸和豐富的多糖體、多肽類成分，能助消化、益肝脾、消除宿毒，具有保護、調理、修復消化系統的功效。

猴頭菇是良好的滋補食品，對神經衰弱、消化道潰瘍有一定療效。

人群宜忌

- ✔ 一般人群均可食用，尤其適宜食道癌、賁門癌、胃癌、慢性胃炎，及十二指腸潰瘍、心血管疾病患者以及體虛、營養不良、神經衰弱者食用。
- ✖ 對菌類食品過敏者慎用。

食用宜忌

- ✔ 可以炒、燉等，也可與其他食材搭配，煲湯、煮粥。
- ✖ 不宜生吃。

營養成分（每100克含）

此表內數據為罐裝猴頭菇的營養成分

營養成分	含量
脂肪	0.2 克
碳水化合物	4.9 克
膳食纖維（不溶性）	4.2 克
維他命 B_1	0.01 克
維他命 B_2	0.04 毫克
磷	37 毫克
鐵	2.8 毫克

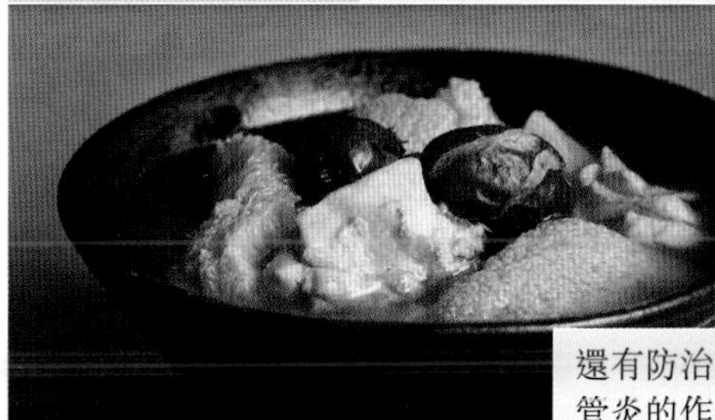

還有防治感冒、支氣管炎的作用，尤其適用於冬春季飲用。

猴頭菇烏雞湯

材料： 乾猴頭菇200克，烏雞1隻，紅棗6枚，薑片3片，鹽適量。

做法：

①猴頭菇洗淨，浸泡，切厚片；紅棗浸泡，洗淨，去核；烏雞宰淨，去內臟，切塊狀。

②將猴頭菇、紅棗、烏雞與薑片一起放進瓦鍋內加入水，先大火煲沸後改小火煲3個小時，調入適量鹽調味即可。

功效：

烏雞和猴頭菇一起食用，不僅美味可口，而且能夠幫助消化，預防各種腸道疾病。

配搭	宜忌	說明
猴頭菇＋烏雞	✔	猴頭菇可補脾益氣、提高免疫力，烏雞可補虛養氣。二者搭配，可防治胃炎、胃潰瘍等多種胃病。
猴頭菇＋野雞肉	 ✖	同食可能導致出血。

蘋果

性涼，味酸、甘。

鹼性

蘋果種子含氰化物，請勿吞食。

防治關鍵點 ▶ **減少腸道分泌，止瀉健胃**

蘋果是最常見的水果之一。含有蘋果酸、奎寧酸、檸檬酸、酒石酸、單寧酸、果膠、纖維素、維他命B雜、維他命C及微量元素等。

養腸胃作用

蘋果中含有豐富的鞣酸、果膠、膳食纖維等特殊物質，鞣酸是腸道收斂劑，它能減少腸道分泌而使大便內水分減少，從而止瀉。

人群宜忌

✔ 大多數人都可以食用，特別適宜慢性胃炎、消化不良、氣滯不通患者食用。

✖ 糖尿病患者血糖不理想時慎吃。

食用宜忌

✔ 直接食用或做成沙拉、榨汁等。

✖ 不要在飯後馬上吃水果，以免影響正常的進食及消化。不要空腹吃蘋果，蘋果所含的果酸和胃酸混合後會增加胃的負擔。

營養成分（每100克含）

營養成分	含量
蛋白質	0.2 克
脂肪	0.2 克
碳水化合物	13.5 克
膳食纖維（不溶性）	1.2 克
胡蘿蔔素	20 微克
維他命 B_2	0.02 毫克
維他命 E	2.12 毫克
維他命 C	4 毫克
鉀	119 毫克
鈉	1.6 毫克

蘋果切粗條後可浸在鹽水中，避免變黑。

蘋果炒雞肉

材料： 雞肉300克，蘋果150克，筍100克，青椒50克，薑絲、生粉水、鹽、油各適量。

做法：

①蘋果去皮，切粗條；筍洗淨，切絲，汆水；青椒洗淨，切絲。
②雞肉洗淨切粗條，用鹽、生粉水醃15分鐘。
③鍋加熱放油，爆炒薑絲，放青椒絲炒至將熟時，下雞肉、蘋果、筍炒幾分鐘，加入鹽調味即可。

功效：

本品富含蛋白質和多種維他命，具有通便和止瀉的雙重功效。

配搭	宜忌	說明
蘋果＋雞蛋		蘋果是鹼性食物，雞蛋是酸性食物。二者同食，可以中和體內過多的酸性物質，維持酸鹼平衡，增強體力和抗病能力。
蘋果＋牛奶		蘋果不可和牛奶同食，蘋果中的果酸與牛奶中的蛋白質反應會生成沉澱，引起結石。

奇異果

性味　性寒，味酸、甘。　酸鹼性　酸性

防治關鍵點　▶**清熱降火，潤燥通便**

奇異果含多種維他命及脂肪、蛋白質、氨基酸和鈣、磷、鎂、果膠等，其中維他命C含量很高。有生津解熱、調中下氣、止渴利尿、滋補強身之功效。

養腸胃作用

奇異果含有優良的膳食纖維和豐富的抗氧化物質，能清熱降火、潤燥通便，可以有效地預防和治療便秘和痔瘡。

食用奇異果能促進腸胃蠕動，減少腸胃脹氣，並且改善睡眠狀態。

人群宜忌

✔ 食慾不振、消化不良、反胃嘔吐以及煩熱、黃疸、糖尿病、疝氣、痔瘡等病症患者可食用。

✘ 脾虛便溏者、風寒感冒、瘧疾、寒濕痢、慢性胃炎、痛經、閉經、小兒腹瀉者不宜食用。

食用宜忌

✔ 直接食用或做成沙拉、榨汁等。奇異果宜在飯後吃，它含有的蛋白酶可以幫助消化。

✘ 奇異果需經催熟後才能食用，否則會十分酸澀。

營養成分（每100克含）

蛋白質	0.8 克
脂肪	0.6 克
碳水化合物	14.5 克
膳食纖維（不溶性）	2.6 克
維他命 B_1	0.05 毫克
維他命 B_2	0.02 毫克
維他命 E	2.43 毫克
維他命 C	62 毫克
鉀	144 毫克

吃完燒烤後喝這款粥可以清熱降火。

奇異果枸杞子甜粥

材料：粳米100克，奇異果2個，枸杞子30克，白糖適量。

做法：

①粳米洗淨，泡一會；奇異果去皮切片；枸杞子沖洗乾淨，備用。

②粳米入鍋，加水煮，煮至粳米一粒粒都漲開，變濃稠時，下枸杞子、奇異果片，再煮3分鐘左右，加適量白糖調味即可。

功效：

奇異果富含多種營養成分。本品既清新爽口，又開胃促消化，適宜於腸道功能欠佳的患者經常服用。

奇異果＋蜂蜜		能生津止渴，清熱潤燥。
奇異果＋黃瓜		黃瓜中含有維他命酶，會破壞奇異果中的維他命C。

菠蘿

性溫，味酸、甘。

鹼性

在吃完肉類等油膩食物後，吃些菠蘿可以解膩。

防治關鍵點

▶開胃助消化，解油膩

菠蘿原名鳳梨，別名露兜子。營養豐富，含有大量的果糖、葡萄糖、維他命B雜、維他命C、磷、檸檬酸和蛋白酶等物質。具有清暑解渴、消食止瀉、補脾胃、固元氣、益氣血、消食、祛濕、養顏瘦身等功效。

養腸胃作用

菠蘿中含有的蛋白酶，可以分解食物中的蛋白質，因此餐後吃些菠蘿，能開胃順氣，解油膩，幫助消化。

菠蘿富含膳食纖維，能讓胃腸道蠕動更順暢。

人群宜忌

- ✔ 一般人群均可食用，特別適宜身熱煩躁、高血壓、支氣管炎、消化不良者。
- ✘ 患低血壓、內臟下垂的人應儘量少吃菠蘿，以免加重病情。

食用宜忌

- ✔ 生吃或做菜。可以直接生吃，榨果汁或做成沙拉；也可以用來做菜，炒、燉、蒸等均可。
- ✘ 不要空腹暴食，要削淨果皮、鱗目須毛並清理乾淨，果肉切片後，一定要用鹽水浸泡若干分鐘後才能食用。

營養成分(每100克含)

蛋白質	0.5克
脂肪	0.1克
碳水化合物	10.8克
膳食纖維（不溶性）	1.3克
胡蘿蔔素	20微克
維他命B_1	0.04毫克
維他命B_2	0.02毫克
維他命C	18毫克
鈣	12毫克
錳	1.04毫克

最後沿鍋邊倒一點水，可讓果香滲入雞肉裏。

菠蘿炒雞

材料： 土雞半隻，菠蘿300克，薑、蒜、鹽、油各適量。

做法：

①將菠蘿斜刀去皮，切塊；土雞切塊備用。
②鍋裏加水燒開，將雞塊汆水待用。
③起油鍋，爆香薑、蒜，下雞塊煸炒一會兒，至表面有點變黃。加入菠蘿煸炒均勻。沿鍋邊熗入一點水，下鹽調味即可。

功效：

菠蘿和雞肉搭配，能開胃順氣、解油膩，又能促進人體對肉類食物中蛋白質的消化吸收。

菠蘿＋鹽  一般要把切成片或塊的菠蘿放在鹽水（一般燒菜的鹹度）裏浸泡若干分鐘，再用涼開水浸洗去鹹味，可以達到脫敏的效果。

菠蘿＋雞蛋  菠蘿中的果酸會和雞蛋中的蛋白質結合，從而使蛋白質凝固，影響機體對蛋白質的消化吸收。

飯後吃一些士多啤梨，可分解食物脂肪，有利消化。

士多啤梨

性涼，味酸、甘。

鹼性

防治關鍵點 ▶幫助消化，改善便秘

士多啤梨又名紅莓、洋莓、地莓等。鮮美紅嫩、果肉多汁，營養價值高，含豐富的維他命C、大量果膠及膳食纖維。

養腸胃作用

士多啤梨營養豐富，所含維他命及果膠對改善便秘和治療痔瘡、高血壓、高脂血症有一定效果。具有明目養肝的作用，可以幫助消化、通暢大便。其營養成分容易被人體消化、吸收，多吃也不會受涼或上火。

人群宜忌

- ✔ 風熱咳嗽、咽喉腫痛、聲音嘶啞者宜食；夏季煩熱口乾或腹瀉如水者宜食；癌症患者，尤其是鼻咽癌、肺癌、扁桃體癌、喉癌者宜食。
- ✘ 孕婦、嬰兒、尿路結石和腹瀉者、血糖不穩定的糖尿病患者忌食。

食用宜忌

- ✔ 果實可生食或製果酒、果醬、布丁、松餅和蛋糕裝飾等。
- ✘ 畸形士多啤梨不宜食用。因為這種畸形士多啤梨往往是在種植過程中濫用激素造成的，長期大量食用這樣的果實，有可能損害人體健康。

營養成分(每100克含)

蛋白質	1克
脂肪	0.2克
碳水化合物	7.1克
膳食纖維（不溶性）	1.1克
胡蘿蔔素	30微克
維他命B_2	0.03毫克
維他命E	0.71毫克
維他命C	47毫克
鉀	131毫克
鈉	4.2毫克

混合果奶有助於降低血壓，補充鈣質。

香蕉士多啤梨牛奶羹

材料：香蕉100克，牛奶250毫升，士多啤梨30克。

做法：

①士多啤梨去蒂洗淨，切成塊。
②香蕉剝去外皮，放入碗中碾成泥。
③將牛奶、香蕉泥放入鍋內，用小火慢煮5分鐘，並不停攪拌。
④出鍋時加入士多啤梨塊即可。

功效：

香蕉和士多啤梨都有助於消化，和牛奶搭配食用，可以促進營養成分的吸收。

配搭宜忌

配搭	宜忌	說明
士多啤梨＋牛奶	✔	士多啤梨和牛奶搭配，有利於維他命的吸收，特別適合高血壓、高膽固醇、痔瘡、白血病、貧血等患者食用。
士多啤梨＋番薯	✘	番薯富含澱粉，食用後胃會分泌大量胃酸，與士多啤梨混食，易使腸胃產生不適。

柚子

性味 性寒，味甘、酸。  鹼性

在服用降壓藥期間，不要吃柚子或喝柚子汁。

防治關鍵點 ▶ **清腸利便，預防便秘**

柚子又名文旦、香欒、內紫等，酸甜涼潤，營養豐富，含糖類、多種維他命、鉀、鈣、磷、枸櫞酸等。藥用價值很高，具有健胃、潤肺、補血、清腸、利便等功效。

養腸胃作用

柚子中含有大量的維他命C、果膠，具有清腸利便的功效，有助於預防便秘、胃癌、腸癌等消化系統疾病。

柚子有健胃消食、生津止渴的功效，可用於輔助治療食少、口淡、消化不良等症。

人群宜忌

✔ 風熱咳嗽、咽喉腫痛、聲音嘶啞者宜食；癌症患者，尤其是鼻咽癌、肺癌患者宜食。

✖ 脾虛泄瀉、身體虛寒者忌食。

食用宜忌

✔ 柚子肉可以直接食用、榨汁、做果醬、做菜等，柚子皮可以泡茶。

✖ 柚子可能會與藥物發生化學反應，服藥期間不宜食用柚子。

營養成分(每100克含)

蛋白質	0.8克
脂肪	0.2克
碳水化合物	9.5克
膳食纖維(不溶性)	0.4克
胡蘿蔔素	10微克
維他命B_2	0.03毫克
維他命C	23毫克
鐵	0.3毫克
磷	24毫克
鈣	4毫克

蜂蜜柚子茶

材料：柚子300克，蜂蜜30克，冰糖適量。

做法：

①將柚子洗淨，去白瓤，留取最外層的柚子皮，切成細絲；把柚子果肉取出，用勺子搗碎。

②將柚子肉、柚子皮、冰糖放入鍋中，加適量水，大火煮沸後轉小火慢燉，直至湯汁變黏稠即可，晾涼後加蜂蜜。

功效：

本品可以調理腸胃，幫助消化，改善便秘。對便秘、腸道毒素堆積引起的痤瘡具有食療作用。

配搭宜忌

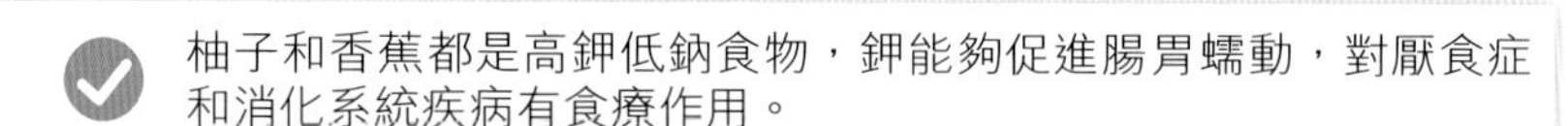

配搭	宜忌	說明
柚子＋香蕉	✔	柚子和香蕉都是高鉀低鈉食物，鉀能夠促進腸胃蠕動，對厭食症和消化系統疾病有食療作用。
柚子＋牛奶	✖	柚子富含維他命C，易與牛奶中的蛋白質凝結成塊，不但影響消化吸收，還會使人出現腹脹、腹瀉、腹痛等腸胃病症狀。

山楂

胃酸過多者不宜食

換牙期的兒童不宜多吃山楂，會損傷牙齒。

忌吃人群：孕婦、老年、兒童、胃酸分泌過多者、病後體虛及患牙病者不宜食用。

為什麼不能吃山楂

山楂能刺激胃酸分泌，增加酶的活性，開胃消食，很多助消化的藥中都使用了山楂。但是，山楂助消化只是促進消化液分泌，並不是通過健脾胃的功能來消化食物的，所以脾胃虛弱者、胃酸過多者不宜食用，但消化不良、食積以及食慾不振的人適合食用山楂。

石榴

便秘患者忌食

石榴吃多易上火，不及時漱口易導致牙齒發黑。

忌吃人群：脾虛泄瀉者、便秘患者、糖尿病患者要忌食。

為什麼不能吃石榴

石榴中含有生物鹼、熊果酸等，具有收斂腸黏膜的作用，可以有效地治療腹瀉。但是對於便秘患者來説卻要忌食，因為石榴性溫，多食會積溫成熱，便秘患者的腸胃是積熱型，因此食用石榴會加重大便乾結。

桃子

慢性腸炎患者忌食

桃毛吸入呼吸道，易引起咳嗽、咽喉刺癢等症。

忌吃人群：平時內熱偏盛、易生瘡癤的人，多病體虛的人以及腸胃功能太弱的人不宜食用，慢性腸炎患者忌食。

為什麼不能吃桃子

桃子中含有大量的大分子物質，不容易消化，腸胃功能較弱的慢性腸炎患者食用可增加腸胃的負擔，加重消化不良、腹脹等症狀。而且，桃子性溫，多食易上火，濕熱型的慢性胃炎患者應慎食。

檸檬

胃潰瘍患者忌食

檸檬味極酸，易傷津損齒，不宜食過多。

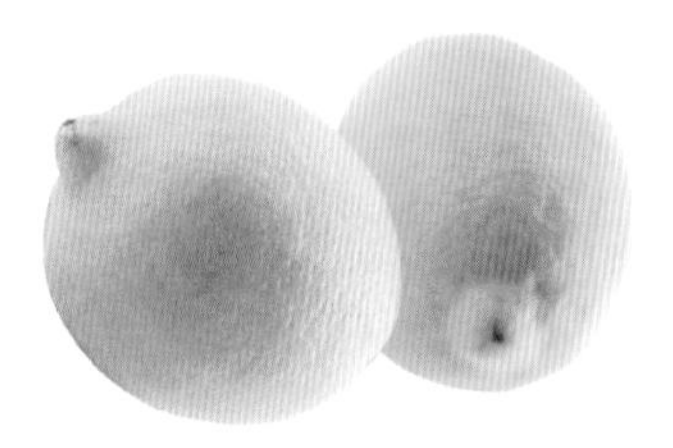

忌吃人群：胃潰瘍、胃酸分泌過多的人，患有齲齒者和糖尿病患者慎食。

為什麼不能吃檸檬

檸檬含有豐富的菸酸和有機酸，會刺激腸胃黏膜，引起胃潰瘍、胃炎等，而且檸檬本身的酸度也很強，胃潰瘍患者食用檸檬，會導致潰瘍面積擴大，加重病情。

綿羊肉比山羊肉的口感好，但兩者營養成分都很高。

羊肉

性味：性溫，味甘。

酸鹼性：中/弱鹼性

防治關鍵點 ▶ 溫補脾胃，提高人體抗病能力

羊肉古稱之為羯肉。最適宜冬季食用。可補身體，對一般風寒咳嗽、慢性氣管炎、虛寒怕冷、腰膝酸軟、面黃肌瘦、氣血兩虧等虛狀均有治療和補益效果。

養腸胃作用

羊肉不僅可以促進血液循環，增加人體熱量，而且還能增加體內消化酶含量，幫助胃消化。

羊肉營養豐富，最適宜冬季食用，對於治療一些虛寒病症有很大的裨益，比如手腳冰涼、臉色蒼白、體虛怕冷、氣血兩虧等症。

人群宜忌

- ✔ 適宜體虛胃寒者。
- ✘ 發熱、牙痛、口舌生瘡、咳吐黃痰等上火症狀者不宜食用。

食用宜忌

- ✔ 可炒、燉或煲湯，煮製時放數個山楂或一些白蘿蔔、綠豆，炒製時放些蔥、薑、孜然等作料可去膻味。
- ✘ 不宜煎和烤。這兩種烹調方法油分太大，不利於腸胃消化吸收。而且烹飪過程中，由於溫度過高，容易造成營養成分的流失。

營養成分（每100克含）

蛋白質	19 克
脂肪	14.1 克
水分	65.7 克
膽固醇	92 毫克
維他命 A	22 微克
維他命 E	0.26 毫克
鈣	6 毫克
磷	146 毫克
硒	32.2 微克
鋅	3.22 毫克

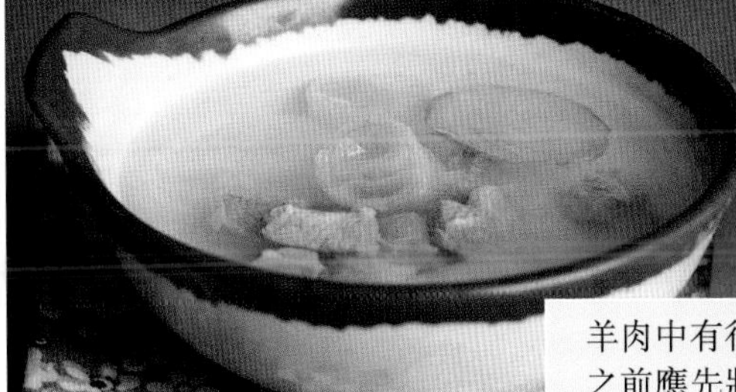

羊肉中有很多膜，切之前應先將其剔除。

羊肉湯

材料：羊肉100克，豌豆20克，白蘿蔔50克，薑末、鹽、芫荽、醋各適量。

做法：

①羊肉和白蘿蔔洗淨，切成小丁；豌豆洗淨。

②將白蘿蔔丁、羊肉丁、豌豆放入鍋內放入適量水大火燒開。

③加入薑末改用小火燉1 小時左右，等到肉熟爛，加入鹽、醋和芫荽調味即可。

功效：

羊肉不僅可以補益脾胃，而且能夠提高人體的免疫力。

配搭宜忌

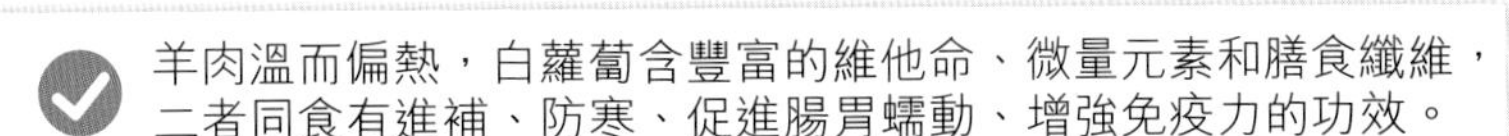

配搭	宜忌	說明
羊肉＋白蘿蔔	✔	羊肉溫而偏熱，白蘿蔔含豐富的維他命、微量元素和膳食纖維，二者同食有進補、防寒、促進腸胃蠕動、增強免疫力的功效。
羊肉＋茶	✘	羊肉中含有豐富的蛋白質，而茶葉中含有較多的鞣酸，吃完羊肉後馬上飲茶，會產生鞣酸蛋白質，容易引發便秘。

鴨肉

性寒，味甘、鹹。

中酸性

體內有熱的人適宜吃鴨肉。

防治關鍵點

▶養胃生津，促進食慾

鴨肉蛋白質含量比畜肉含量高得多，脂肪含量適中，且富含維他命B雜、維他命E，有滋補、養胃、補腎、消水腫、止咳化痰等作用。

養腸胃作用

鴨肉中的脂肪酸為不飽和脂肪酸，易於消化。所含維他命B雜和維他命E較其他肉類多，能有效抵抗腳氣病、神經炎和多種炎症，還能抗衰老。鴨肉中的蛋白質含量豐富，且易於被人體消化吸收，可有效改善營養不良、脾胃虛弱等症。

人群宜忌

✔ 適用於體內有熱、上火的人食用；發低熱、體質虛弱、食慾不振、大便乾燥和水腫的人，食之更佳。

✖ 由身體虛寒、受涼引起的不思飲食、胃部冷痛、腹瀉清稀、腰痛及寒性痛經以及肥胖、動脈硬化、慢性腸炎者應少食，感冒患者不宜食用。

食用宜忌

✔ 可以做飯或做湯，還可製成烤鴨、板鴨、香酥鴨、鴨骨湯、熘鴨片、熘乾鴨條、炒鴨心花、芫荽鴨肝、扒鴨掌等上乘佳餚。

✖ 煙熏或煎炸的鴨肉不宜常吃，因為這種烹調方式容易產生苯並芘物質，可致癌。

營養成分（每100克含）

營養成分	含量
蛋白質	15.5 克
脂肪	19.7 克
碳水化合物	0.2 克
膽固醇	94 毫克
維他命 B_1	0.08 毫克
維他命 B_2	0.22 毫克
維他命 B_3	4.2 毫克
硒	12.25 微克
鋅	1.33 毫克

此湯最適宜夏季滋補食用。

蓮子薏米煲鴨湯

材料：鴨肉150克，蓮子10克，薏米20克，葱段、薑片、百合、料酒、白糖、鹽各適量。

做法：

①把鴨肉切成塊，放入開水中汆一下撈出後放入鍋中。

②在鍋中依次放入葱段、薑片、蓮子、百合、薏米，再加入鹽、料酒、白糖，倒入適量開水，用大火煲熟。

功效：

蓮子和薏米搭配食用，不僅營養美味，而且能養胃生津，促進食慾。

配搭宜忌

鴨肉＋海帶

鴨肉與海帶共燉食，可軟化血管，降低血壓，對老年性動脈硬化和高血壓、心臟病有較好的療效。

鴨肉＋蟹

鴨肉和蟹一起食用，會引起腹瀉、水腫、陽虛。

豬紅

性平，
味甘。

中酸性

收集豬紅時一定要注意衛生，避免污染。

防治關鍵點 ▶ 潤腸通便，人體污物的"清道夫"

豬紅又稱液體肉、血豆腐等。具有解毒清腸、補血美容的功效。

養腸胃作用

豬紅中的血漿蛋白被人體內的胃酸分解後，產生一種解毒、清腸分解物，有助於排出身體毒素。

豬紅富含鐵，對貧血而面色蒼白者有改善作用，是排毒養顏的理想食物。

人群宜忌

✔ 適宜貧血患者、老人、婦女，以及從事粉塵、紡織、環衛、採掘等工作的人食用。

✘ 肝病、高血壓、冠心病患者應少食。

食用宜忌

✔ 買回豬紅後要注意不要讓凝塊破碎，除去少數黏附着的豬毛及雜質，然後放入開水中汆燙，切塊炒、燒或作為做湯的主料和副料。

✘ 豬紅不宜過量食用，易導致鐵中毒，一週內食用最好不超過兩次。

營養成分（每100克含）

蛋白質	12.2 克
脂肪	0.3 克
碳水化合物	0.9 克
膽固醇	51 毫克
鈣	4 毫克
磷	16 毫克
鉀	56 毫克
鈉	56 毫克

豬紅一週食用不應超過兩次。

菠菜豬紅湯

材料： 菠菜150克，豬紅100克，鹽適量。

做法：

①將豬紅切塊；菠菜洗淨，切段備用。

②先將豬紅塊放入砂鍋，加適量水，煮至豬紅熟透，再放入菠菜略煮。

③加入鹽調味。

功效：

豬紅中的蛋白質經胃酸分解後，可產生一種潤腸的物質，這種物質可與進入人體的有害物起反應，然後被帶出體外。

配搭宜忌

豬紅＋菠菜 
豬紅、菠菜都是補血的食材，具有下氣、潤腸、助消化及緩解便秘等功能，女性因生理特性普遍存在貧血的症狀，多喝菠菜豬紅湯，對補血、明目、潤燥都有好處，尤其能補充體內鐵質含量。

豬紅＋黃豆 
豬紅不宜與黃豆同吃，否則會引起消化不良。

臘肉

胃癌患者忌食

臘肉含鈉較多，不利於控制血壓。

忌吃人群：老年人忌食，胃和十二指腸潰瘍患者、胃癌患者禁食。

為什麼不能吃臘肉

臘肉在製作的過程中，肉中的很多維他命和微量元素都已喪失，如維他命B_1、維他命B_2、菸酸、維他命C等，這樣營養失衡的食物對於需要營養支持的胃癌患者並不適宜，而且臘肉的脂肪含量、膽固醇含量、鹽含量都極高，對身體不利。

豬蹄

消化不良者忌食

顏色發白，個頭過大，腳趾處分開並有脫落痕迹的是雙氧水浸泡的"化學豬蹄"。

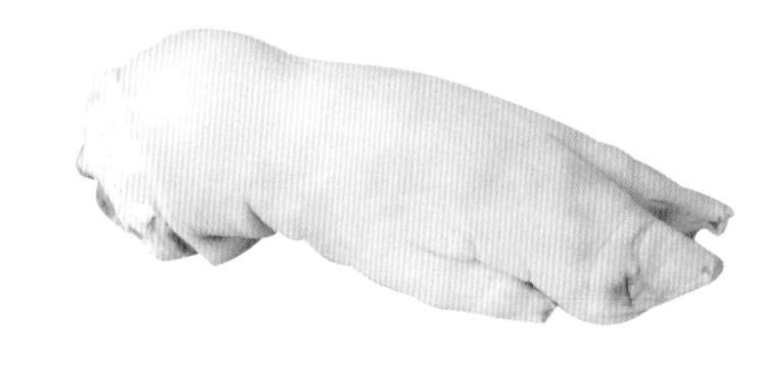

忌吃人群：消化功能弱，發熱或鬱熱體質的人群，老年人。

為什麼不能吃豬蹄

豬蹄中含有豐富的蛋白質，同時脂肪和膽固醇含量也非常高，長期食用或大量食用會提高心腦血管病人的血壓、血脂、血糖指數，加重心腦血管病症狀。此外，由於豬蹄中含有大量脂肪，不易消化，消化功能弱、有發熱或鬱熱體質的人也不宜多食。

肥肉

結腸癌、直腸癌患者忌食

肥肉含飽和脂肪酸多，多食令人虛胖。

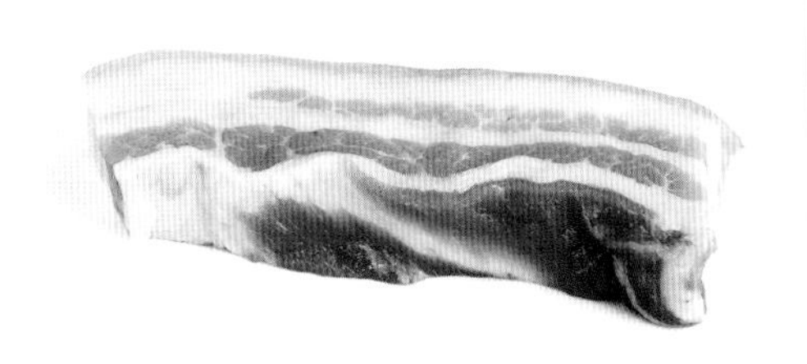

忌吃人群：肥肉中含有較多的飽和脂肪酸和膽固醇，因此，高血壓、冠心病等患者應少吃或不吃肥肉，結腸癌、直腸癌患者忌食。

為什麼不能吃肥肉

肥肉含有很多脂肪，脂肪不容易消化，而且有潤滑腸道的作用，因此食用過多肥肉會增加胃腸道的消化負擔。而且高脂肪膳食會誘發腸道腫瘤，故結腸癌、直腸癌患者不宜吃肥肉。

烤肉

胃下垂患者忌食

吃烤肉時要搭配一些生菜來吃，可消除油膩。

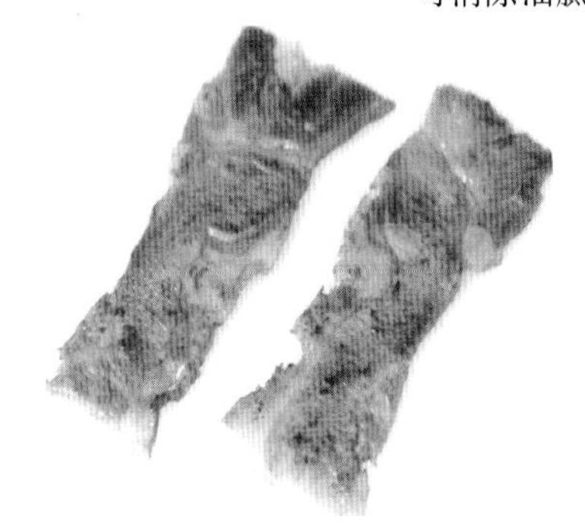

忌吃人群：腸胃功能不佳者，胃下垂、高血壓、冠心病患者忌食。

為什麼不能吃烤肉

經過烤製的肉不易消化，會加重腸胃負擔；而且肉在烤製的過程中還加入了孜然、辣椒、胡椒等刺激性的調味料，會刺激胃腺體分泌胃酸，過多的胃酸會損傷胃黏膜；肉在高溫烤製的過程中產生的苯並芘是一種致癌物質，長期食用這類物質，易誘發腸胃腫瘤的發生，甚至會致癌。

鯽魚

性平，味甘。

鹼性

新鮮鯽魚眼睛略凸，眼球黑白分明。

防治關鍵點 ▶ 健脾開胃，保護腸胃黏膜

鯽魚俗名鯽瓜子、月鯽仔，主要以植物為食的雜食性魚，肉質細嫩，營養價值高。具有和中補虛、溫胃進食、補中生氣的功效。

養腸胃作用

鯽魚有健脾利濕、和中開胃、活血通絡、溫中下氣的功效，對脾胃虛弱、水腫、潰瘍、氣管炎、哮喘、糖尿病有很好的滋補食療作用。

鯽魚中硒元素豐富，可有效保護腸胃黏膜，預防消化系統病變。

人群宜忌

- ✔ 適宜脾胃虛弱、少食乏力、嘔吐或腹瀉者食用。
- ✘ 鯽魚補虛，諸無所忌。但感冒發熱期間不宜多吃。

食用宜忌

- ✔ 鯽魚肉嫩味鮮，可做粥、做湯、做菜、做小吃等。尤其適於做湯，鯽魚湯不但味香湯鮮，而且具有較強的滋補作用，非常適合中老年人和病後虛弱者食用，也特別適合產婦食用。
- ✘ 感冒發熱期間不宜多吃，而且鯽魚不宜和豬肝、雞肉、蒜以及中藥麥冬、厚樸一起食用。

營養成分(每100克含)

營養成分	含量
蛋白質	17.1 克
脂肪	2.7 克
碳水化合物	3.8 克
膽固醇	130 毫克
維他命 A	17 微克
維他命 B_2	0.09 毫克
鎂	41 毫克
硒	14.31 微克
鋅	1.94 毫克
錳	0.06 毫克

在魚湯燉好前不要放鹽，否則湯不易燉白。

清燉鯽魚

材料： 鯽魚1條，大白菜100克，豆腐50克，冬筍、火腿片、水發木耳、薑片、料酒、鹽、油各適量。

做法：

①鯽魚去鱗及內臟，洗淨後，放入鍋中加油煎炸至微黃，放入料酒、薑片，加適量水煮開。②大白菜洗淨切塊，豆腐切成小塊。③將所有材料放入鯽魚湯中，中火煮熟，加鹽調味即可。

功效：

這道菜能提供大量維他命和膳食纖維，適合腸胃功能不好的人食用。

鯽魚＋淮山  鯽魚營養價值很高，可以起到滋陰調理、補虛、養身調理、消除身體水腫以及調理腎臟的功能，與淮山一起蒸煮，更可以幫助男性補陽壯氣。

鯽魚＋蜂蜜  同食會中毒，可以用黑豆、甘草解毒。

甲魚

性味　性平，味鹹。

酸鹼性　鹼性

甲魚不僅是餐桌上的佳餚，而且是一種滋補藥品。

防治關鍵點 ▶ **營養豐富，調節內分泌**

甲魚是鱉的俗稱，又稱團魚和王八。自古以來就被視為滋補的營養佳品。

養腸胃作用

甲魚肉具有雞、鹿、牛、羊、豬5種肉的美味，故素有"美食五味肉"的美稱。它不但味道鮮美、高蛋白、低脂肪，而且是含有多種維他命和微量元素的滋補珍品，能夠增強身體的抗病能力，調節人體的內分泌功能，也是提高母乳質量、增強嬰兒免疫力及智力的滋補佳品。

人群宜忌

✔ 一般人群均可食用，尤其適宜肝腎陰虛、營養不良者食用。

✘ 腸胃功能虛弱、消化不良的人應慎吃。肝炎、腸胃炎、胃潰瘍、膽囊炎等消化系統疾病患者忌食。

食用宜忌

✔ 甲魚的週身均可食用。甲魚肉極易消化吸收，產生熱量較高，營養極為豐富，一般多做成甲魚湯飲用，也可做成其他美味的佳餚。

✘ 死甲、變質的甲魚不能吃，煎煮過的鱉甲沒有藥用價值。

營養成分（每100克含）

營養成分	含量
蛋白質	17.8 克
脂肪	4.3 克
碳水化合物	2.1 克
磷	114 毫克
鉀	196 毫克
硒	15.19 微克
鐵	2.8 毫克

肉滑嫩不膩，湯汁新鮮，適合體虛的人食用。

清燉甲魚

材料：甲魚1隻，薑片、鹽、胡椒粉各適量。

做法：

①甲魚整隻入開水汆燙，隨後取出撕去殼上白色薄膜，切下裙邊後斬至合適塊狀。

②燉鍋放適量水，燒開後放入甲魚塊、薑片，水再次燒開後，轉小火燉2小時左右。

③加入胡椒粉、鹽即可。

功效：

甲魚是滋補之物，清燉能完好地保持其營養成分，適合長期身體虛弱的人食用，有助於增加食慾。

配搭宜忌

甲魚＋枸杞子  枸杞子益脾補腎，與甲魚肉併用，其功效尤着。適用於肝腎虛損、腰腳酸軟、頭暈眼花、遺精等。

甲魚＋桃子  二者搭配食用，容易產生身體不適。

海帶

性寒，味鹹。

強鹼性

海帶呈深褐色，顏色過於鮮艷的海帶購買時要慎重。

潤腸、清腸、通便

海帶是一種在低溫海水中生長的大型海生褐藻植物，營養價值很高。具有一定的藥用價值，含有豐富的碘等礦物質元素，有降血脂、降血糖、調節免疫功能、抗凝血、抗腫瘤、排鉛解毒和抗氧化等多種生物功能。

養腸胃作用

鯽魚有健脾利濕、和中開胃、活血通絡、溫中下氣的功效，對脾胃虛弱、水腫、潰瘍、氣管炎、哮喘、糖尿病有很好的滋補食療作用。

鯽魚中硒元素豐富，可有效保護腸胃黏膜，預防消化系統病變 。

人群宜忌

- ✔ 適宜缺碘、甲狀腺腫大、高血壓、高脂血症、冠心病、糖尿病、動脈硬化、骨質疏鬆、營養不良性貧血以及頭髮稀疏者食用。
- ✖ 脾胃虛寒者忌食，身體消瘦者不宜食用。

食用宜忌

- ✔ 煎湯，煮粥，涼拌，糖浸，或做丸、散服均可。
- ✖ 不能長期或過量食用海帶，這樣會攝入過多的碘，也會對身體健康產生影響。而且海帶中含有一定量的砷，攝入過多的砷會引起中毒。

營養成分(每100克含)

此表中的數據為乾海帶泡發後的營養成分

營養成分	含量
蛋白質	1.1 克
脂肪	0.1 克
碳水化合物	3 克
維他命 B_1	0.02 毫克
維他命 B_2	0.1 毫克
鉀	0.1 毫克
鎂	61 毫克

食用後不要馬上喝茶，或吃酸澀的水果。

海帶燜飯

材料：粳米、水發海帶各30克，鹽適量。

做法：

①將粳米淘洗乾淨；水發海帶洗淨泥沙，切小塊。

②鍋中放入粳米和適量水，大火燒沸後放入海帶塊，不斷翻攪，燒煮10分鐘左右，待米粒漲開，水快乾時，加入鹽調味。

③最後蓋上鍋蓋，用小火燜10分鐘即可。

功效：

海帶含有大量的不飽和脂肪酸和食物纖維，能清除附着在血管壁上的膽固醇，調順腸胃。

配搭	宜忌	說明
海帶＋冬瓜		海帶可利尿消腫、潤腸抗癌，冬瓜能解熱、利尿，二者同食可清熱消暑、減肥瘦身。
海帶＋茶		吃海帶後不要馬上喝茶（茶含鞣酸），因為海帶中含有豐富的鐵，喝茶會阻礙人體對鐵的吸收。

蟹

結腸癌患者忌食

孕婦忌食蟹，否則易引起難產。

忌吃人群：蟹過敏的人不能吃蟹，結腸癌患者忌食。

為什麼不能吃蟹

蟹性寒，多食容易導致腹瀉、腹痛，而且結腸癌患者腸胃功能較差，食用後更容易引起不適，增加患者的痛苦，加重病情。

蝦

腸胃癌患者忌食

膽固醇偏高者不可過量食用蝦。

忌吃人群：宿疾者、正值上火之時不宜食蝦；體質過敏，如患過敏性鼻炎、支氣管炎、反覆發作性過敏性皮炎的老年人不宜吃蝦；腸胃癌患者忌食；另外蝦為發物，患有皮膚疥癬者忌食。

為什麼不能吃蝦

蝦殼含有豐富的鈣，且其含有的蝦青素有一定的抗腫瘤作用，但是蝦性溫，多食可助熱，對於濕熱下注型的腸胃癌患者來說，應少吃。

海參

痢疾患者忌食

兒童不宜吃海參。

忌吃人群：患感冒、咳嗽、氣喘、急性腸炎、菌痢及大便溏薄的病人不宜食用。

為什麼不能吃海參

中醫認為，海參為清補食物，有滋陰潤燥的功效，凡是脾虛便溏下痢者均不宜食用。鮮海參中含有許多微生物，若生吃容易引發痢疾，有腹瀉症狀的細菌性痢疾患者均應忌食海參。

臘魚

胃下垂患者忌食

長期食用臘魚等醃製食品，容易致癌。

忌吃人群：高血壓、肝膽疾病、胃病患者不宜食用，胃下垂患者忌食。

為什麼不能吃臘魚

胃下垂患者在飲食中應選擇細軟、清淡、易消化的食物，而臘魚在熏製的過程中加入了大量的鹽，也加入了一些刺激性的調料，很容易刺激胃黏膜，加重胃下垂患者的病情。而且經過熏製後的臘魚，變得很硬，也不利於消化。

花生

性平，味甘。

酸鹼性 強酸性

花生含有大量脂肪，過多生食會引起消化不良、腹痛、腹瀉。

▶ 排除體內毒素，預防癌症

花生果實含有蛋白質、脂肪、糖類、維他命A、維他命B_6、維他命E、維他命K，以及礦物質鈣、磷、鐵等營養成分，含有8種人體所需的氨基酸及不飽和脂肪酸，含卵磷脂、膽鹼、胡蘿蔔素、膳食纖維等物質，有促進人的腦細胞發育，增強記憶的作用。

養腸胃作用

可溶性纖維是花生中的一種纖維，在被人體消化吸收時，它能夠吸收液體和其他物質，之後形成膨大狀的膠帶體隨糞便排出。因此，花生能夠減少體內積存有害物質，並減弱它們所產生毒性，降低罹患腸癌的幾率。

人群宜忌

- ✔ 高血壓、冠心病、動脈硬化等患者宜食，但應控制總量；缺乏乳汁的產婦宜食；營養不良、食慾不振者宜食。
- ✖ 痛風、高尿酸血症患者不宜食。

食用宜忌

- ✔ 花生以燉煮最好，這樣既避免了花生中的主要營養成分遭到破壞，又有很好的口感，易於消化。
- ✖ 花生不宜炒製，這樣會使花生性質變得燥熱。

營養成分（每100克含）

蛋白質	12克
脂肪	25.4克
碳水化合物	13克
膳食纖維（不溶性）	7.7克
維他命B_3	14.1毫克
維他命C	14毫克
磷	250毫克

特別適宜產後缺乳的婦女食用。

花生豬蹄湯

材料：豬蹄1個，花生50克，葱、薑、鹽各適量。

做法：

①葱洗淨切段；薑洗淨切片；花生洗淨，備用。
②豬蹄洗淨，放入鍋內，加水煮沸，撇去浮沫。
③再把花生、葱段、薑片放入鍋內，轉小火繼續燉至豬蹄軟爛。
④去葱段、薑片，加入鹽調味即可。

功效：

花生內含豐富的脂肪和蛋白質；豬蹄營養美味，滋陰補腎。因此，本品特別適合女性食用。

花生＋豬蹄	✔	花生能夠養血止血，催乳增乳，豬蹄能夠使肌膚潤滑、富有光澤，二者搭配，營養容易被腸胃吸收，能夠強身健體。
花生＋黃瓜	✖	花生性平，黃瓜性寒，兩者搭配食用，不易消化，容易導致腹瀉。

榛子以個大圓整、殼薄白淨、含油量高者為佳。

榛子

性平，味甘。

強酸性

▶開胃助消化，防治便秘

榛子富含油脂(大多為不飽和脂肪酸)、蛋白質、碳水化合物、維他命(主要為維他命E)、礦物質、膳食纖維及人體所需的8種氨基酸與微量元素，有促消化、增進食慾、提高記憶、防止衰老的功效。

養腸胃作用

榛子本身的香味具有開胃的作用，它本身所含的脂溶性維他命易於被人體吸收，具有滋補的效果。榛子含有豐富的纖維素，不僅能夠促進消化，還能防治便秘、消化道癌症。

人群宜忌

- ✔ 食慾不振、食量減退、體倦身乏、眼睛變花者宜食；癌症患者、糖尿病患者宜。
- ✘ 肝功能差者忌食。

食用宜忌

- ✔ 榛子生食、炒食均可。可以將其碾碎放入糕點、牛奶、雪糕中，也可以將其與蓮子、粳米等一起煮食。
- ✘ 存放過久的榛子不宜食用。

營養成分(每100克含)

蛋白質	20克
脂肪	44.8克
碳水化合物	24.3克
膳食纖維（不溶性）	9.6克
維他命E	36.43毫克
鈣	104毫克
鎂	420毫克
鉀	1244毫克

榛子每次食用不宜超過20枚。

榛子芝麻糊

材料：芝麻粉200克，糯米粉100克，榛子35克，牛奶300毫升。

做法：

①榛子去殼，切碎，炒熟；糯米粉、芝麻粉炒熟。

②將芝麻粉和糯米粉按照2：1的比例盛到碗裏，將牛奶加熱後倒入，拌勻。將食材一起倒入榨汁機中，榨出米糊。

③撒上熟的榛子即可。

功效：

榛子中含有蛋白質、脂肪、糖類和芝麻粉、糯米粉搭配做成米糊，更有益於營養元素的吸收。

配搭宜忌

榛子＋淮山 ✔ 榛子中富含膳食纖維，淮山富含澱粉酶、多酚氧化酶等物質，兩者同食不僅有利於脾胃的消化吸收，健脾養胃，而且能夠增強身體體質。

研究發現，每天吃 50~100 克（40~80 粒），體重不會增加。

杏仁

性味 性溫，味甘（南杏仁）、苦（北杏仁）。

酸鹼性 中/弱酸性

防治關鍵點 ▶ **潤腸通便，減肥佳品**

杏仁一般分為甜杏仁和苦杏仁，或者被分為南杏仁和北杏仁，甜杏仁一般作乾果食用，苦杏仁一般入藥使用。

養腸胃作用

甜杏仁中含有大量的膳食纖維，不僅對腸道組織極其有益，能夠降低罹患腸癌的幾率，而且能夠大大降低人的饑餓感，利於體重超標者作為零食以控制並減輕體重。

苦杏仁亦有潤腸通便的效果。

人群宜忌

✔ 體重過重者宜食；癌症患者，以及治療癌症經受放療、化療的患者宜食。

✖ 杏仁過敏者忌食。

食用宜忌

✔ 杏仁可以炒熟、蒸熟食用，也可以與其他食物搭配，做粥、餅、麵包等食品。

✖ 杏仁因為含熱量較高，應適量食用。

營養成分（每 100 克含）

營養成分	含量
蛋白質	22.5 克
脂肪	45.4 克
碳水化合物	23.9 克
膳食纖維（不溶性）	8 克
維他命 E 維他命 E	18.53 毫克
鈣	97 毫克
鎂	178 毫克

特別適宜減肥時食用。

南瓜杏仁露

材料：南瓜300克，牛奶、椰汁各200毫升，杏仁粉200克，熟芝麻適量。

做法：

①南瓜去皮，切片，放入微波爐中，加熱8分鐘。
②南瓜放入料理機中打成泥。
③鍋中加適量水，倒入椰汁和杏仁粉。
④再倒入南瓜泥，煮開後關火，倒入牛奶，撒上熟芝麻即可。

功效：

杏仁富含膳食纖維以及維他命E，所含的脂肪是一種對心臟有益的高飽和脂肪。

配搭宜忌

杏仁 + 牛奶  杏仁和牛奶一起食用可以美容養顏。

杏仁 + 板栗  杏仁和板栗一起食用，容易引起胃痛。

板栗

便秘患者忌食

飯後吃板栗容易導致身體肥胖。

忌吃人群：消化不良、溫熱患者不宜食用，便秘患者忌食。

為什麼不能吃板栗

板栗性溫，多食易積溫成熱，腸胃積熱型的便秘患者不宜食用，否則會加重便秘乾結的症狀。另外，食用過量的板栗，會使胃腸道內被細菌酵解產生的氣體量增多，形成腹脹，加重便秘患者腹脹、排便不暢的症狀。

蠶豆

胃下垂患者忌食

蠶豆含有致敏物質，過敏體質的人吃了容易產生過敏。

忌吃人群：虛寒者，患有痔瘡出血、消化不良、慢性 結腸炎、尿毒癥等病的人不宜進食蠶豆；胃下垂患者忌食。

為什麼不能吃蠶豆

蠶豆質地較硬，不容易消化，對於伴有消化不良、腸胃功能差等症狀的胃下垂患者來説，無疑會加重胃的消化負擔，加重胃下垂的病情，同時還有可能損傷胃黏膜，引發胃炎。

蓮子

便秘患者忌食

蓮子性寒，吃多了容易刺激胃。

忌吃人群：中滿痞脹及大便燥結患者忌食。

為什麼不能吃蓮子

中醫認為，大多數便秘患者以大便秘結之症為主，所以在治療上應以潤下通腸為原則，切忌收澀固腸。而蓮子味澀，其收斂性較強，可用於脾虛便溏、腹瀉者，但對於便秘患者，食用後反而會加重病情。

芸豆

慢性胃炎患者忌食

芸豆中含有一種毒蛋白，必須煮熟才能消除其毒性。

忌吃人群：消化功能不良、有慢性消化道疾病的人應儘量少食，特別是慢性胃炎患者要忌食。

為什麼不能吃芸豆

芸豆的營養豐富，但是芸豆在消化吸收的過程中會產生過多的氣體，容易造成腹脹，不利於慢性胃炎患者；芸豆的子粒中含有一種毒蛋白，生吃或夾生吃都會導致腹瀉、嘔吐的現象，加重胃炎的病情。

蘆薈

性味 性寒，味苦。 酸鹼性 酸性

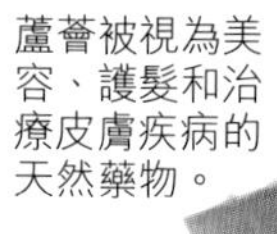

蘆薈被視為美容、護髮和治療皮膚疾病的天然藥物。

防治關鍵點 ▶ **增進食慾，排出毒素**

蘆薈是集食用、藥用、美容、觀賞於一身的植物。

養腸胃作用

蘆薈中的蘆薈大黃素甙、蘆薈大黃素等有效成分起着增進食慾、緩瀉的作用。

蘆薈中含有多種植物活性成分及多種氨基酸、維他命、多糖和礦物質成分，其中蘆薈素可以極好地刺激小腸蠕動，把腸道毒素排出去。

人群宜忌

✔ 風熱咳嗽、咽喉腫痛、聲音嘶啞者宜食；夏季煩熱口乾或腹瀉如水者宜食。

✖ 虛證病人，尤其是陽氣不足、脾胃虛弱或虛寒體質的人忌食。

食用宜忌

✔ 蘆薈略帶苦味，去掉綠皮，用水煮3~5分鐘，即可除去苦味。

✖ 蘆薈在食用時依然有量的限制，一般常規用量為每天15克左右，體弱者應酌減。

營養成分(每100克含)

蛋白質	0.4 克
脂肪	1.98 克
碳水化合物	75.6 克
膽固醇	130 毫克
菸酸	0.1 毫克
維他命 C	3 毫克
鈣	4 毫克
磷	3 毫克
鉀	28 毫克
鈉	0.3 毫克

不宜做成凍飲，以免刺激腸胃。

蘆薈蔓越莓飲

材料：蔓越莓汁300毫升，蘆薈60克。

做法：

①將蘆薈切成1厘米長的小丁。

②將常溫的蔓越莓汁加入蘆薈丁即可飲用。

功效：

蔓越莓汁可以預防大腸桿菌附着於腸道細胞壁上；蘆薈可以刺激腸道蠕動，促進排便。二者搭配，可以促進消化，預防因為幽門螺旋桿菌附着於腸胃細胞壁造成的潰瘍。

配搭宜忌

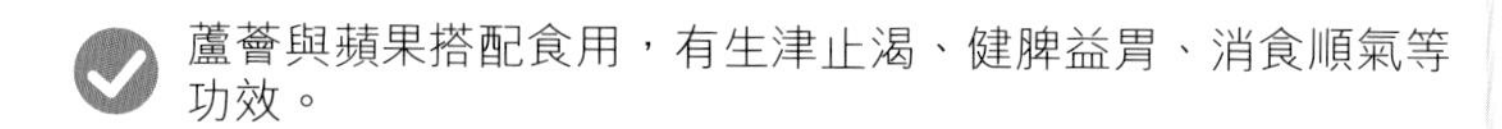

蘆薈＋蘋果 ✔ 蘆薈與蘋果搭配食用，有生津止渴、健脾益胃、消食順氣等功效。

蘆薈＋深海魚油 ✖ 二者同食，會降低各自的營養成分。

蜂蜜不能加熱至60℃以上，否則會破壞營養成分。

蜂蜜

性味 性寒，味苦。

酸鹼性 鹼性

防治關鍵點 ▶ **調節腸胃功能，緩解便秘**

蜂蜜是蜜蜂從開花植物的花中採得的花蜜在蜂巢中釀製的蜜。其主要成分是果糖和葡萄糖，還含有少量蔗糖、麥芽糖、樹膠、糊精及微量維他命。

養腸胃作用

蜂蜜對腸胃功能有調節作用，可使胃酸分泌正常。

蜂蜜富含果糖等碳水化合物，可促進胃黏膜修復，對慢性胃炎、胃及十二指腸潰瘍等有輔助治療的效果。

人群宜忌

✔ 一般人群均可食用，尤其適宜老人、小孩、便秘患者、高血壓患者、支氣管哮喘患者食用。

✖ 糖尿病患者應少食蜂蜜，未滿1歲的嬰兒不宜吃蜂蜜。

食用宜忌

✔ 用溫開水沖服，也可與其他食物搭配食用，比如煲湯、煮粥、做飲料、做蛋糕或餅乾等。

✖ 不能用開水沖蜂蜜，因為這樣會破壞蜂蜜中的營養成分。

營養成分（每100克含）

營養成分	含量
蛋白質	0.4 克
脂肪	1.9 克
碳水化合物	75.6 克
維他命 B_3	0.1 毫克
維他命 C	3 毫克
鈣	4 毫克
磷	3 毫克
鉀	28 毫克
鈉	0.3 毫克

夏季用涼開水沖泡此茶飲用，能消暑解熱。

菊花蜜茶

材料：菊花5朵，蜂蜜適量。

做法：

①將菊花放入杯中，倒入開水沖泡，加蓋悶10分鐘。

②調入蜂蜜即可。

功效：

蜂蜜對腸胃功能有調節作用，可使胃酸分泌正常，顯着縮短排便時間。

配搭宜忌

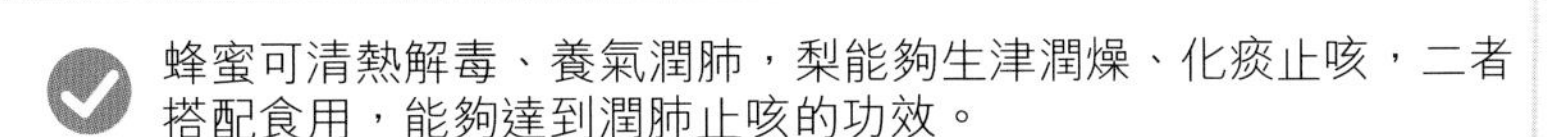

配搭	宜忌	說明
蜂蜜＋梨	✔	蜂蜜可清熱解毒、養氣潤肺，梨能夠生津潤燥、化痰止咳，二者搭配食用，能夠達到潤肺止咳的功效。
蜂蜜＋豆腐	✖	蜂蜜不能與豆腐同食，因為豆腐性寒，能清熱散血，與蜂蜜同食易導致腹瀉。

酸奶

性味 性寒，味甘酸。

酸鹹性 酸性

市面上的很多“乳酸奶”，其含的死菌不具備酸奶的活菌保健功效，購買時要仔細識別。

防治關鍵點 ▶ **保護腸胃，促進消化**

酸奶是以牛奶為原料，經過巴氏殺菌後再向牛奶中添加有益菌(發酵劑)，經發酵後再冷卻灌裝的一種牛奶製品，除保留了鮮牛奶的全部營養成分外，在發酵過程中乳酸菌還可以產生人體營養所必需的多種維他命。

養腸胃作用

酸奶能促進消化液的分泌，增加胃酸，因而能增強人的消化能力，促進食慾。

酸奶中含有乳酸菌，能維護腸道菌群的生態平衡，形成生物屏障，抑制有害菌對腸道的入侵。

酸奶中的乳糖，經過分解後能增加胃酸濃度，有效保護胃黏膜。

人群宜忌

- ✓ 經常飲酒者、經常吸煙者、經常從事電腦操作者、便秘患者、常服用抗生素者、骨質疏鬆患者、心血管疾病患者等宜食。
- ✗ 腹瀉或其他腸道疾病患者，1歲以下的小寶寶不宜。

食用宜忌

- ✓ 可與澱粉類食物搭配食用，比如麵條、包子、饅頭等，可使酸奶中的營養更好地被吸收。
- ✗ 酸奶不宜加熱喝，因為酸奶一經加熱，所含的大量活性乳酸菌便會被殺死。

營養成分(每100克含)

營養成分	含量
蛋白質	3.3克
脂肪	0.4克
碳水化合物	10克
膽固醇	18毫克
鈣	146毫克
磷	91毫克
鉀	156毫克

豆漿要放涼後再加酸奶，否則會降低營養價值。

五穀酸奶豆漿

材料：黃豆50克，粳米、小米、小麥仁、粟米粒各15克，酸奶200克。

做法：

①將黃豆、小麥仁、粟米粒浸泡8小時，洗淨；粳米、小米洗淨。

②將上述食材倒入豆漿機中，加適量水打成豆漿，放涼，加酸奶拌勻即可。

功效：

穀、豆、酸奶搭配食用，營養更全面，吸收更容易。酸奶中含有多種酶，能增強腸胃的消化功能，促進消化。

配搭宜忌

酸奶＋香蕉  吃香蕉和酸奶，減肥的同時還可以促進排便。

酸奶＋火腿  火腿為加工食品，不提倡食用。

皮蛋

結腸癌、直腸癌患者忌食

皮蛋裏含有鉛，會影響鈣的攝取，造成缺鈣。

忌吃人群：兒童不宜食用，結腸癌、直腸癌患者忌食。

為什麼不能吃皮蛋

皮蛋是用石灰、鹽、氧化鋁等包裹雞蛋或鴨蛋醃製而成，含鉛，經常食用會引起中毒，因此身體虛弱的結腸癌、直腸癌患者不宜食用；皮蛋容易受沙門氏桿菌感染，食用後沙門氏桿菌會在腸內引發炎症，產生毒素，加重結腸癌、直腸癌患者的病情。

朱古力

胃及十二指腸潰瘍患者忌食

過量食用朱古力會影響胃腸道的消化吸收功能。

忌吃人群：易引起胃灼熱、頭痛，罹患心血管病、糖尿病及肥胖的人不宜食用，胃及十二指腸潰瘍患者忌食。

為什麼不能吃朱古力

朱古力的脂肪含量很高，過多攝入脂肪會延遲胃排空，加重胃的消化負擔；朱古力的含糖量也極高，會刺激胃酸的分泌，使胃酸增加，從而影響潰瘍面的恢復。鑒於這兩方面的原因，胃及十二指腸潰瘍者應忌食朱古力。

咖啡

便秘患者忌食

空腹喝咖啡會刺激胃酸分泌，有胃潰瘍的人更應謹慎。

忌喝人群：高血壓、冠心病患者，胃病尤其是便秘患者，維他命B_1缺乏者。

為什麼不能喝咖啡

咖啡具有一定的刺激性，可加快腸胃的蠕動，從而促進排便，但長期飲用咖啡，會使腸胃產生耐受性，從而減弱腸胃蠕動，造成大便乾結，加重便秘患者的病情。

濃茶

慢性胃炎者忌食

酒後喝濃茶，會加重對心臟、心血管的負擔。

忌喝人群：青光眼、甲亢、痛風、心律失常、胃潰瘍、腎結石、慢性胃炎、便秘患者忌食。

為什麼不能喝濃茶

濃茶會刺激胃的腺體分泌胃酸，破壞胃黏膜屏障，擴大潰瘍的面積；濃茶會稀釋胃液，降低胃液的濃度，影響胃的正常消化功能，從而引起消化不良等症狀，加重胃炎的病情。因此，慢性胃炎患者一定要注意不能喝濃茶。

旱莲
贞子
甲
淫羊
满山

第三章

中藥調理腸胃病宜忌

腸胃病是一種慢性病，不僅需要藥物治療，還需要飲食調理。西藥治療腸胃病可以達到快速緩解症狀的效果，但是往往治標不治本，很容易復發。而中藥調理則是一個長期而緩慢的過程，但是只要吃對了藥，腸胃就能逐漸得到滋養，從而恢復其正常功能。不過，也有一些中藥會傷及腸胃，因此吃中藥的時候需要諮詢醫生，避免誤傷腸胃。

山楂

性味歸經 性平，味甘。

防治關鍵點

增加胃酸分泌，適合胃酸少的人服用

山楂主要含有黃酮類、低聚黃烷類、有機酸類、微量元素，還含有三萜類、甾體類和有機胺類等。具有消積花滯、收斂止痢、活血化瘀等功效。經常吃山楂有增強心肌、抗心律不齊的功效。

山楂以無蟲眼、無開裂，顏色亮紅者為佳。

養腸胃作用

山楂中的酸性成分能刺激胃酸分泌，增加酶的活性，可開胃消食。對於飽食肉類等油膩食物的人來說，適量吃些山楂及山楂製品，能幫助消食。山楂能抑制消化道癌症，尤其適合消化不良的癌症患者食用。山楂有鮮山楂、乾山楂、焦山楂等，焦山楂可入藥，鮮山楂和乾山楂均可作藥膳食用。

人群宜忌

- ✔ 腹脹、消化不良、食積以及食慾不振的人適宜食用。
- ✖ 胃酸過多、脾胃虛弱而無積滯者忌吃；孕婦忌食，會刺激子宮收縮，可能導致流產。

食用宜忌

- ✔ 泡茶、煮茶。山楂泡茶、煮茶能夠健脾消食，尤其是肉食積滯時，喝一杯山楂茶，能有效幫助消化肉食，緩解積滯帶來的不適。
- ✖ 山楂會增加胃酸分泌，胃酸過多者忌吃。

山楂烏梅茶

材料：山楂15克，烏梅3個，冰糖適量。

做法：

山楂、烏梅洗淨，大火燒開，轉小火煮20分鐘，加冰糖調味即可。

功效：

山楂和烏梅都有增加胃酸分泌的作用，二者能健脾開胃，潤腸通便。消化不良或腸道不暢時可飲用。

治病配方

治食積：山楂180克，神麴60克，半夏、茯苓各90克，陳皮、連翹、萊菔子各30克，水煎服，用量可按原方比例酌減。

黃芪

性平，味甘。

強酸性

防治關鍵點 ▶ 補氣抗菌，適用於胃潰瘍

黃芪又名綿芪，多年生草本,含有皂甙、多糖、氨基酸以及硒、鋅、銅等多種微量元素。有增強機體免疫功能、保肝、利尿、抗衰老、抗應激、降壓和較廣泛的抗菌作用，以及提高記憶、防止衰老的功效。

黃芪可補虛，常服可以避免感冒。

養腸胃作用

黃芪有增強機體免疫功能、抗菌等作用，適用於幽門螺旋桿菌感染引起的胃潰瘍。蜜炙黃芪有補氣、養血、益中功效，適用於內傷勞倦、脾虛泄瀉、氣虛、血虛、氣衰等症。

人群宜忌

- ✔ 氣血不足、氣短乏力、慢性潰瘍等症患者以及一切氣虛體弱者都適宜食用。
- ✖ 患有發熱病、急性病、熱毒瘡瘍、陽氣旺以及食滯胸悶、胃脹腹脹等病症者不宜食用。

食用宜忌

- ✔ 黃芪一般跟其他食材搭配，用來做成藥膳食用，可煎湯、煎膏、浸酒、入菜餚等。
- ✖ 黃芪不宜與杏仁、玄參等一起食用，容易造成身體不適。

黃芪蟲草鴨

材料：黃芪30克，冬蟲夏草15克，肉蓯蓉20克，老鴨1隻，鹽少許。

做法：

將老鴨去腸臟，肚中放入黃芪、冬蟲夏草、肉蓯蓉，以竹簽縫合，加水燉至鴨肉爛熟，加鹽調味即可。

功效：

黃芪蟲草鴨有溫腎補脾、補虛強身的功效，適用於食道癌氣虛陽微者，以及長期飲食不下、面色蒼白、身體虛弱者。

治病配方

治腸風瀉血：用黃芪、黃連等份　研末，麵糊丸綠豆大，每服三十丸，米湯送服。（出自孫用和《秘寶方》）

火麻仁

性味歸經 味甘，性平。

防治關鍵點 ▶ **潤燥滑腸，促進排便**

火麻仁為桑科植物大麻的乾燥成熟種子，別名又叫大麻仁、火麻、線麻子。去殼火麻仁含蛋白質34.6%，脂肪46.5%, 以及11.6%的碳水化合物。火麻仁最重要的特徵是它能同時提供人體膳食中必需的脂肪酸(EFAs)和α-亞麻酸。

火麻仁以顆粒飽滿，種仁色乳白者為佳。

養腸胃作用

火麻仁有潤燥滑腸的功效，主治津枯便秘。無論氣虛便秘(腸胃運動功能較弱所致的便秘)，還是腸燥便秘(由於腸道水分減少所致的便秘)，都可用火麻仁通便。老人、體弱者和產後便秘患者尤其適用。

人群宜忌

- ✔ 適宜患有腳氣腫痛、體虛早衰、心陰不足、心悸不安、血虛津傷、月經不調、腸燥便秘等症狀的人群食用。
- ✖ 脾腎不足之便溏、陽痿、遺精、帶下者慎服。

食用宜忌

- ✔ 火麻仁多用於炒製，炒後可提高藥用效果，並且氣香；緩和滑利之性，能增強滋脾陰、潤腸燥的作用，多用於老人、產婦及體弱津血不足的腸燥便秘患者。
- ✖ 火麻仁一次不可食用過多，一次食用超過60克，可致中毒，出現嘔吐、腹瀉等症狀，應慎重食用。

火麻仁綠茶

材料：火麻仁20克，綠茶2克，蜂蜜適量。

做法：

將火麻仁洗淨備用。鍋內放入火麻仁、綠茶，加適量水熬煮，待熬出藥味後加蜂蜜調勻即可。

功效：

火麻仁所含的脂肪油能潤滑腸壁，有軟化大便的功效。因此火麻仁綠茶不僅可以清熱潤燥、養陰生津，也是便秘患者的食療佳品。

治病配方

治大便不通：研麻子，以米雜為粥食之。
(出自《肘後方》)

茯苓

性味歸經 性平，味甘。

防治關鍵點 **抗癌抗腫瘤，提高免疫力**

茯苓為多孔菌科真菌茯的乾燥菌核，有利水滲濕、健脾、寧心的功效，適用於水腫尿少、痰飲眩悸、脾虛食少、便溏泄瀉、心神不安、驚悸失眠等症。

茯苓藥性平和，利水而不傷正氣。

養腸胃作用

茯苓所含的多糖體能增強淋巴T細胞的細胞毒性作用，即增強細胞免疫反應，從而增強機體免疫功能，有明顯的抗腫瘤作用。因此，茯苓可用於抗癌、抗腫瘤，治療胃癌。

人群宜忌

- ✔ 茯苓適宜於一般人群。尤宜於水濕內困、水腫、尿少、眩暈心悸、胃口欠佳、便溏腹瀉、心神不安、失眠、多夢者。
- ✖ 腎虛多尿、虛寒滑精、氣虛下陷、津傷口乾者慎食。

食用宜忌

- ✔ 可做粥、煲湯、做餅。如偏於寒濕者，可與桂枝、白朮等配伍；偏於濕熱者，可與豬苓、澤瀉等配伍；屬於脾氣虛者，可與黨參、黃芪、白朮等配伍；屬虛寒者，可配附子、白朮等同用。
- ✖ 不宜過多食用。

茯苓板栗粥

材料：茯苓15克，板栗25克，紅棗10枚，粳米100克，冰糖適量。

做法：

加水先煮板栗、紅棗、粳米；茯苓研末，待米半熟時徐徐加入，攪勻，煮至板栗熟透。可加冰糖調味食用。

功效：

茯苓補脾利濕，板栗補脾止瀉，紅棗益脾胃。茯苓板栗粥適用於脾胃虛弱、飲食減少、便溏腹瀉。

治病配方

治濕瀉：白朮50克，茯苓(去皮)35克。上細切，水煎，食前服。(出自《原病式》茯苓湯)

淮山

性味歸經 性平，味甘。

防治關鍵點 ▶ **健脾益胃，主治腹瀉**

淮山塊根含薯蕷皂苷元、糖蛋白、維他命C、膽鹼、黏液質、尿囊素、澱粉、游離氨基酸等，有補脾養胃、生津益肺、補腎澀精等功效。用於脾虛食少、久瀉不止、肺虛喘咳、腎虛遺精、帶下、尿頻、虛熱消渴；麩炒淮山補脾健胃，用於脾虛食少、泄瀉便溏、白帶過多等症。

胃脹時食用，可平補脾胃，改善脾胃的消化吸收功能。

養腸胃作用

淮山中所含的澱粉酶、多酚氧化酶等成分，有利於人體消化吸收，具有健脾補肺、益胃補腎的功效，主治脾胃虛弱、食慾不振、久泄久痢、倦怠無力等病症。

人群宜忌

✔ 脾虛食少、久瀉不止、腎虛遺精、帶下、尿頻、肺虛喘咳者宜常食。

✖ 淮山有收澀作用，故大便燥結者不宜食用；糖尿病患者也不宜食用過多。

食用宜忌

✔ 可炒、燉、煮等。淮山鮮品多用於虛勞咳嗽及消渴病，炒熟食用可治脾胃、腎氣虧虛。

✖ 淮山皮不宜食用。因為淮山皮中所含的皂角素或黏液裏含的植物鹼，少數人接觸會引起淮山過敏而發癢，而且淮山皮有麻、刺等異常口感。

淮山扁豆雞金粥

材料：淮山、白扁豆各30克，雞內金10克，粳米100克。

做法：

將以上食材放入鍋中，加適量水，慢火煮成粥。

功效：

淮山扁豆雞金粥有健脾和胃、消積化濕的功效，適用於結腸癌脾胃虛弱伴飲食積滯、消化不良、食少腹脹便溏者。

治病配方

治濕熱腹瀉：淮山、蒼朮等份，以米飲送服。（出自《瀕湖經驗方》）

丁香

性溫，味辛。

促進胃液分泌，治療慢性胃炎

丁香為落葉灌木或小喬木。丁香藥用部分有花、果；花稱為公丁香，果稱為母丁香。用於脾胃虛寒，呃逆嘔吐，食少吐瀉，心、腹疼痛等症。

丁香以個大粗壯 鮮紫棕色、香氣濃郁 富有油性者為佳。

養腸胃作用

丁香中所含的丁香酚能促進胃液分泌，有抗菌、抗癌等作用，主治胃寒呃逆、嘔吐反胃、脘腹冷痛、泄瀉痢疾，用於治療慢性胃炎、腸胃神經官能症、消化不良等。

人群宜忌

- ✔ 寒性胃痛、反胃呃逆、嘔吐者宜食；口臭者宜食。
- ✖ 胃熱引起的呃逆或兼有口渴、口苦、口乾者不宜食用，熱性病及陰虛內熱者忌食。

食用宜忌

- ✔ 丁香主要用於肉類、糕點、醃製食品、炒貨、蜜餞、飲料的製作配製，可矯味增香，是“五香粉”和“咖喱粉”的原料之一。
- ✖ 丁香主要作為調料食用，不宜單獨食用。

丁香柿蒂湯

材料：柿蒂10克，丁香3克，薑5片。

做法：

將柿蒂、丁香、薑加水煎熬出汁即可。

功效：

柿蒂有溫和腸胃的功效，和丁香搭配食用，可以健脾養胃、消食理氣，丁香柿蒂湯適用於胃寒呃逆者，但身體極其虛弱者慎用。

治病配方

治朝食暮吐：丁香15個研末，甘蔗汁、薑汁和丸蓮子大，噙嚥之。（出自《摘元方》）

陳皮

性微溫，味辛、苦。

防治關鍵點

▶調中開胃，促進消化

陳皮為芸香科植物橘及其栽培變種的乾燥成熟果皮，有理氣健脾、燥濕化痰的功效，用於脘腹脹滿、食少吐瀉、咳嗽痰多等症。

做菜時加入陳皮，可去除膻腥味，且使菜餚更加可口。

養腸胃作用

陳皮所含揮發油對胃腸道有溫和的刺激作用，可促進消化液的分泌，排除腸管內積氣，有芳香健胃和祛風下氣的作用。陳皮具有消炎的作用，其煎劑與維他命C、維他命K並用，能增強消炎效果。

人群宜忌

- ✔ 適宜脾胃氣滯、脘腹脹滿、消化不良、食慾不振、咳嗽多痰之人食用；也適宜預防高血壓、心肌梗塞、脂肪肝、急性乳腺炎者食用。
- ✖ 氣虛體燥、陰虛燥咳、吐血及內有實熱者慎服。

食用宜忌

- ✔ 可以泡茶、做粥，或者加入保健食品中製成口服液、片劑等。
- ✖ 陳皮不宜食用過量，因為陳皮苦燥性溫，易傷津助熱，服用過量，容易上火；陳皮不宜與半夏、天南星一同食用。

陳皮紅茶飲

材料：陳皮、紅茶、紅糖各5克。

做法：

將陳皮洗淨，與紅茶、紅糖一同放入鍋中，煎水服用。

功效：

陳皮具有理氣健脾、調中化痰的功效，搭配紅茶、紅糖，適合脾胃不和以及痰濕中阻的胃下垂患者食用。

治病配方

治脾胃不和、不思飲食：厚樸、陳皮各125克，炙甘草75克，蒼朮200克。將以上4味中藥研成細末。煉蜜為丸，如梧桐子大。每服10丸，鹽湯嚼下。（出自《博濟方》）

黨參

性味歸經 性平，味甘。

防治關鍵點

▶ 調節腸胃功能，治療食慾不振

黨參為桔梗科植物黨參、素花黨參或川黨參等的乾燥根，有補中益氣、止渴、健脾益肺、養血生津的功效。主治脾胃虛弱、氣血兩虧、體倦無力、食少、口渴、久瀉、脫肛等症。

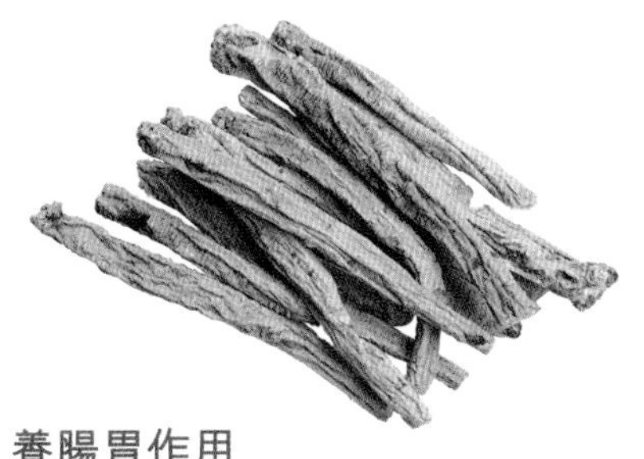

黨參以根條肥大粗壯、香氣濃，嚼之無渣者為佳。

養腸胃作用

黨參為補中益氣之要藥，有調節腸胃運動、抗潰瘍、抑制胃酸分泌、降低胃蛋白酶活性等作用，主治食慾不振、大便溏軟等症。

人群宜忌

- ✔ 脾胃氣虛、神疲倦怠、四肢乏力、食少便溏、慢性腹瀉者，以及體質虛弱、氣血不足、面色萎黃、病後產後體虛者宜食。
- ✖ 氣滯、肝火盛者禁用；邪盛而正不虛者不宜用。

食用宜忌

- ✔ 內服煎湯、熬膏，或入丸、散。
- ✖ 忌與藜蘆一同食用。

參芪紅棗粥

材料：黨參20克，黃芪15克，紅棗10枚，粳米100克。

做法：

先用水煎黨參、黃芪。慢火煎40分鐘後，去藥渣留汁，放入粳米、紅棗煮成粥即可。

功效：

黨參具有補中益氣、和胃益肺的功效，黃芪有補中益氣、利尿排毒的作用，紅棗有補氣血的作用。三者搭配，特別適合慢性胃炎患者服用。

治病配方

治服寒涼峻劑以致損傷脾胃、口舌生瘡：

黨參(焙)、黃芪(炙)各10克，茯苓5克，
甘草(生)1.5克，白芍2.1克。白水煎，溫服。
(出自《喉科紫珍集》參芪安胃散)

白朮

性味歸經 性溫，味苦、甘。

防治關鍵點 ▶**補脾益胃，抗菌消炎**

白朮為菊科植物，以根莖入藥，有健脾益氣、燥濕利水、止汗、安胎的功效。用於脾虛食少、腹脹泄瀉、痰飲眩悸、水腫、自汗、胎動不安等症。

白朮宜放置於陰涼乾燥處，防蟲蛀、霉變。

養腸胃作用

白朮有補脾、益胃、燥濕、和中、安胎的功效，主治脾胃氣弱、不思飲食等症。白朮能抑制腸胃蠕動，對胃黏膜損傷有預防作用。

人群宜忌

- ✔ 脾胃氣虛、不思飲食、倦怠無力、慢性腹瀉、消化吸收功能低下者宜食；自汗易汗、老小虛汗，以及小兒流涎者宜食。
- ✘ 陰虛燥渴、氣滯脹悶者忌服。

食用宜忌

- ✔ 可生食、炒製。
- ✘ 白朮忌與桃、李、菘菜、青魚等一同食用。

豬肚白朮粥

材料：豬肚500克，白朮30克，黃芪15克，粳米150克，薑片、鹽各適量。

做法：

將豬肚翻洗乾淨，煮熟後切成小塊。白朮、黃芪洗淨，一併放入鍋中加適量水，用大火燒沸後再改用小火煎煮。煮約1小時後加入洗淨的粳米、薑片、豬肚熬粥，至粥熟後加鹽調味即可。

功效：

白朮有健脾益氣、燥濕利水的功效，豬肚有補虛損、健脾胃的作用。因此，二者搭配，可以補益脾胃，是慢性胃炎患者的食療佳品。

治病配方

治嘔吐酸水，結氣築心：白朮、茯苓、厚樸各2.4克，橘皮、人參各1.8克，華茇1.2克，檳榔仁、大黃各3克，吳茱萸1.2克。水煎，分兩次服。（出自《外臺秘要》）

肉桂

性味歸經　性溫，味苦、甘。歸脾、胃經。

防治關鍵點

▶ 促進胃機能，健脾和胃

肉桂為樟科常綠喬木植物肉桂的乾皮和粗枝皮。有補火助陽、引火歸元、散寒止痛、溫通經脈的功效。用於陽痿宮冷、腰膝冷痛、腎虛作喘、虛陽上浮、眩暈目赤、心腹冷痛、虛寒吐瀉、寒疝腹痛、痛經經閉等症。

肉桂性熱，適合天涼時節食用，夏季忌食。

養腸胃作用

肉桂中所含的桂皮油能促進胃機能，也能直接對胃黏膜產生刺激作用，使胃液分泌增加，腸胃蠕動增強，有健脾和胃的功效。

肉桂還具有抗潰瘍、抗腹瀉的作用。

人群宜忌

- ✔ 適宜平素畏寒怕冷、四肢發涼、胃寒冷痛、食慾不振、嘔吐清水、腹部隱痛喜暖、腸鳴泄瀉者食用。
- ✖ 內熱較重、內火偏盛、陰虛火旺者忌服，孕婦慎服。

食用宜忌

- ✔ 可用水煎服，研末成丸、散，浸酒內服等。
- ✖ 不宜過量食用，常用劑量為1~6克；桂皮性熱，夏季忌食桂皮；桂肉忌與葱一起食用。

羊肉肉桂湯

材料：羊肉500克，肉桂6克，鹽適量。

做法：

將桂皮放在燉羊肉的鍋中，燉約2個小時，肉熟之後，加鹽調味即可。

功效：

羊肉肉桂湯無論是吃肉還是喝湯，都可以起到溫中健胃，暖腰膝，治腹冷、氣脹的作用。

治病配方

治產後腹中瘕痛：桂（末），溫酒服方寸匕[①]，日三。（出自《肘後方》）

註①：方寸匕，古代量取藥末的器具。其狀如刀匕。一方寸匕大小為古代一寸正方，其容量相當於十粒梧桐子大。

石斛

性味歸經 性寒，味甘、淡、微鹹。

防治關鍵點 **養胃生津，改善大便秘結**

石斛含石斛鹼、石斛胺、石斛次鹼、石斛星鹼、石斛因鹼、6-羥石斛星鹼，尚含黏液質、澱粉等，有滋養胃陰、生津止渴、兼能清胃熱的功效。

石斛能清胃生津，
胃腎虛熱者最宜。

養腸胃作用

石斛能養胃陰、生津，對癌症化療、放療後傷津及陰虛津虧證所致口渴多飲、咽乾舌燥、大便燥結等有顯著的療效，能促進胃液分泌，助消化。

人群宜忌

- ✓ 一般人群均可食用。
- ✗ 熱病早期陰未傷者、溫濕病未化燥者、脾胃虛寒者、腹瀉者忌食。

食用宜忌

- ✓ 可以新鮮食用、泡茶、泡酒，以及與各種膳食搭配食用。
- ✗ 石斛不宜與巴豆、僵蠶、雷丸同用。

白芍石斛瘦肉湯

材料：豬瘦肉250克，白芍、石斛各12克，紅棗4枚。

做法：

豬瘦肉切塊，白芍、石斛、紅棗(去核)洗淨。把全部用料一齊放入鍋內，加水適量，大火煎沸後，小火煮1~2小時，加入調料調味即成。

功效：

石斛具有生津益胃、清熱養陰的功效，白芍有緩解腹痛、腹瀉的作用。白芍石斛瘦肉湯，可養陰益胃、緩急止痛。

治病配方

治消化不良，腸胃不暢：鮮石斛25克，熟石膏、南沙參、玉竹各20克，天花粉、淮山、茯苓各15克，麥冬10克，廣皮5克，半夏7.5克，甘蔗150克，煎湯代水服用。(出自祛煩養胃湯《醫醇剩義》)

麥芽

性平，味甘。

防治關鍵點

▶ 消食開胃，促進消化

麥芽為禾本科植物大麥的成熟果實經發芽乾燥的炮製加工品，有行氣消食、健脾開胃、回乳消脹的功效。用於食積不消、脘腹脹痛、脾虛食少、乳汁鬱積、乳房脹痛、婦女斷乳、肝鬱脅痛、肝胃氣痛等症。

產婦可熬煮炒麥芽水來回奶。

養腸胃作用

麥芽能消食開胃，助消化，主治食積不消、腹滿泄瀉、噁心嘔吐、食慾不振、肝胃不和等症。

麥芽對小兒厭食症也有一定的功效。

人群宜忌

- ✔ 一般人群均宜食用，尤其適宜食積不消、脘腹脹滿、食慾不振、嘔吐泄瀉者食用。
- ✖ 久食消腎、無積滯、脾胃虛者不宜用。

食用宜忌

- ✔ 可生用或炒用。有生麥芽、炒麥芽、焦麥芽等。
- ✖ 忌久食、多食，長期大量食用麥芽會影響腎臟功能。

山楂麥芽粥

材料：山楂、太子參各15克，生麥芽30克，淡竹葉10克。

做法：

將山楂、生麥芽、太子參、淡竹葉洗淨，用水煮沸，浸泡15分鐘即成。代茶飲，隨意飲用。

功效：

麥芽和山楂均有開胃、助消化的功效。二者搭配，可益氣清心、健脾消滯。山楂麥芽粥是食積患者的佳品。

治病配方

治快膈進食：麥芽20克，神麴10克，白朮、橘皮各5克。為末，蒸餅丸梧子大。每人參湯下三、五十丸。（出自《本草綱目》）

雞內金

性味歸經 性平，味甘。

防治關鍵點 ▶ **消食健脾，適用於消化不良**

雞內金又稱雞嗉子、雞黃皮，為家雞的乾燥砂囊內壁。有健胃消食、澀精止遺、通淋化石的功效。用於食積不消、嘔吐瀉痢、小兒疳積、遺尿、遺精、石淋澀痛、膽脹脅痛等症。

雞內金也可以用於治療膽結石。

養腸胃作用

雞內金中所含的澱粉酶成分，可以促進胃液分泌，有消食健胃、助消化的功效，能提高胃酸度及消化力，使胃運動功能明顯增強，胃排空加快，主治消化不良、小兒腹瀉、小兒厭食。

人群宜忌

- ✔ 適宜消化不良、小兒疳積、形體消瘦、腹大腹脹、脾胃虛弱、食積脹滿、腸結核、骨結核等病症患者食用。
- ✖ 胃酸過多、過敏體質者忌食。

食用宜忌

- ✔ 可生吃、炒製、焦吃，也可做粥吃。
- ✖ 不宜過多食用。

雞內金粥

材料：雞內金5克，粳米50克。

做法：

先將雞內金擇淨，研為細末備用。然後取粳米淘淨，放入鍋內，加水適量煮粥，待沸後調入雞內金粉，煮至粥成服食，每日1劑，連服3~5天。

功效：

雞內金粥有健胃消食的功效，適用於消化不良、食積不化、小兒疳積等症。

治病配方

治食積腹滿：雞內金研末，乳服。（出自《本草求原》）

神麴

性味歸經 性溫，味苦。

防治關鍵點 ▶ **消食化積，健脾和胃**

神麴又稱六神麴、百草麴，為麵粉和其他藥物混合後經發酵而成的加工品。含酵母菌、酶類、維他命B雜、麥角固醇、揮發油、苷類等。有促進消化、增進食慾的作用，主治飲食積滯、脘腹脹滿、食少納呆。

神麴以陳久、無蟲蛀者佳。

養腸胃作用

神麴具有消食化積、健脾和胃、解表的功效，主治感冒食滯、胃脘脹悶、消化不良、腹瀉。對一般的脾胃不和、傷食積滯、小兒疳積也有療效。

人群宜忌

- ✓ 適宜脾胃虛弱、虛寒反胃、食積心痛者食用。
- ✗ 脾陰不足、胃火盛者慎服，孕婦宜少食。

食用宜忌

- ✓ 根據炮製方法的不同可分為神麴、炒神麴、麩炒神麴、焦神麴。
- ✗ 不宜過多食用。

神麴粥

材料：神麴15克，粳米50克。

做法：

將神麴研為細末，放入鍋中，加水適量，浸泡5~10分鐘後，水煎取汁，加粳米煮為稀粥，每日1劑，連服3~5天。

功效：

神麴粥具有健脾胃、助消化的作用，適用於消化不良、食積難消、噁心嘔吐、胃脘疼痛、脘腹脹滿、大便溏泄等症。

治病配方

治食積心痛：陳神麴一塊。燒紅，淬酒二大碗服之。（出自《摘元方》）

厚樸

性味歸經 性溫，味苦、辛。

防治關鍵點 ▶ **刺激胃液分泌，治療食積氣滯**

厚樸為木蘭科植物厚樸或凹葉厚樸的乾燥乾皮、根皮及枝皮，有燥濕消痰、下氣除滿的功效。用於濕滯傷中、脘痞吐瀉、食積氣滯、腹脹便秘、痰飲喘咳等症。

厚樸不宜與豆類一起食用，會形成不易消化吸收的鞣質蛋白。

養腸胃作用

厚樸中的厚樸酚對胃潰瘍、十二指腸痙攣有一定的抑制作用；其揮發油成分能促進唾液、胃液的分泌，加快腸胃蠕動，可治療食積氣滯、腹脹便秘等症。

人群宜忌

- ✔ 適宜胸腹脹滿、脹痛、反胃、嘔吐、瀉痢、中風、傷寒、頭痛、心血管疾病患者食用。
- ✘ 孕婦慎用。

食用宜忌

- ✔ 可沖泡、煮粥、水煎等，可入丸、散。
- ✘ 厚樸忌與澤瀉、寒水石等一同食用。

半夏厚樸茶

材料：半夏5克，厚樸4克，冰糖適量。

做法：

將半夏和厚樸分別洗淨。在砂鍋內加適量水，下入半夏和厚樸熬煮成藥汁。根據個人口味添加冰糖調味即可。

功效：

厚樸是一味溫和的食材，可以化積消滯，配合半夏一起服用，效果更佳。

治病配方

治腹滿痛大便閉者： 厚樸24克，大黃12克，枳實5枚。以上3味，以水2400毫升，先煮2味，取1000毫升，加大黃煮取600毫升。溫服200毫升，以利為度。（出自《金匱要略》厚樸三物湯）

甘草

性平，味甘。

防治關鍵點 ▶ **抑制胃酸分泌過多**

甘草又名甜草，是甘草的乾燥根及根莖，主要成分有甘草酸、甘草甙等，有抗炎和抗變態反應的功能。能補脾益氣，清熱解毒，祛痰止咳，緩急止痛，調和諸藥。

久服大劑量甘草，會引起水腫，所以要慎用。

養腸胃作用

甘草有類似腎上腺皮質激素樣作用，對組胺引起的胃酸分泌過多有抑制作用，並有抗酸和緩解腸胃平滑肌痙攣的作用，可治療胃及十二指腸潰瘍。

人群宜忌

- ✔ 適宜胃及十二指腸潰瘍者、神經衰弱者、支氣管哮喘者、血栓靜脈炎患者食用。
- ✖ 濕阻中滿、嘔噁及水腫脹滿者忌服。

食用宜忌

- ✔ 宜泡水、入藥、水煎等，比較常用的有生甘草、炙甘草。
- ✖ 久服較大劑量的生甘草，可引起水腫，因此生甘草不宜長期、過量服用。不宜與京大戟、芫花、甘遂、海藻同用。

甘草山楂茶

材料：山楂75克，洛神花20克，甘草4克，冰糖適量。

做法：

將所有材料放入鍋中，加水煮開。轉小火，繼續煮10分鐘後即可關火。最後加適量冰糖煮化，濾去殘渣即可。

功效：

甘草山楂茶具有很好的健脾益胃、理氣解鬱的功效，適宜氣鬱體質者食用。

治病配方

治消化性潰瘍：甘草粉，每次3～5克，每日3次，口服，有顯著效果。亦可用甘草流浸膏，每次15毫升，每日4次，連服6週。

佛手

性溫，味辛、苦、酸。

防治關鍵點 ▶ **抗菌消炎，保護腸胃健康**

佛手為芸香科植物佛手的乾燥果實，有疏肝理氣、和胃止痛、燥濕化痰的功效，用於濕滯傷中、脘痞吐瀉、食積氣滯、腹脹便秘、痰飲喘咳等症。

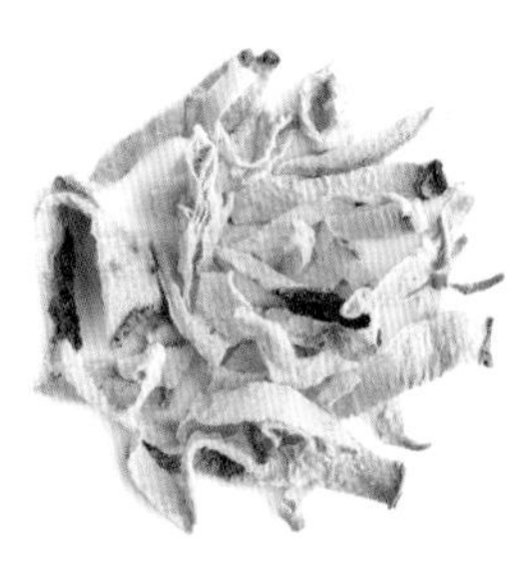

佛手氣香，味微甜後苦。

養腸胃作用

佛手是優良的腸胃抗菌劑，對一般消化問題如打嗝、消化不良以及厭食均有良好的療效。

佛手中所含的柑精油可能直接影響大腦的食慾控制中樞，或是借由減輕壓力，間接改變厭食和貪食的行為。

人群宜忌

- ✔ 適宜消化不良、胸腹脹悶，以及氣管炎、哮喘病患者食用。
- ✖ 陰虛有火、無氣滯症狀者慎服。

食用宜忌

- ✔ 佛手有涼拌、炒食、涮火鍋等多種食用方法，常見的有佛手炒麵筋、佛手炒蝦米、佛手魚柳、佛手燉排骨等。

涼拌佛手

材料：佛手300克，紅椒、青椒各2個，醬油、白糖各適量。

做法：

佛手切絲，青椒、紅椒去子、切絲；在玻璃容器中放入適量的醬油、白糖；佛手絲、紅椒絲、青椒絲放入煮開水中散開，撈起，放入玻璃容器中拌勻。盛入碟中，將辣椒絲放在上面即可。

功效：

涼拌佛手清爽可口，能夠增進食慾，對消化不良、腸胃不暢等症狀有良好的療效。

治病配方

治痰氣咳嗽，腸胃不暢：陳佛手6~9克，水煎飲。（出自《閩南民間草藥》）

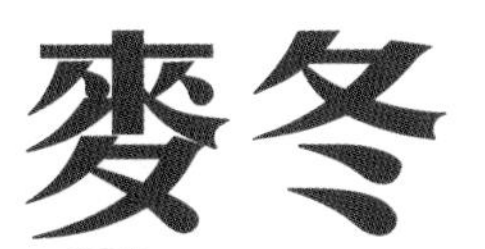

 性寒，味甘、微苦。

防治關鍵點 ▶ **益胃生津，改善便秘**

麥冬是百合科植物麥冬的乾燥塊根，又名沿階草、書帶草、麥門冬、寸冬，有養陰生津、潤肺清心的功效。用於肺燥乾咳、陰虛癆嗽、喉痹咽痛、津傷口渴、內熱消渴、心煩失眠、腸燥便秘等症。

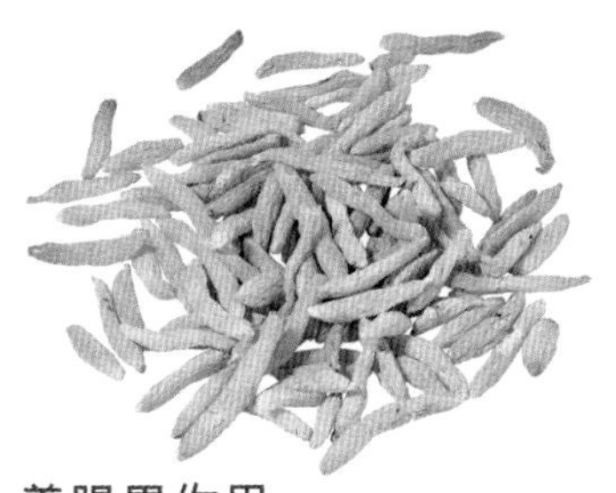

用麥冬煲老鴨湯可以調治肺結核。

養腸胃作用

麥冬中含有的氨基酸、葡萄糖等有效成分，具有溫和滋補、益胃生津的作用，對食慾不振、消化不良、腸燥便秘等症有很好的療效。

人群宜忌

✔ 適宜胃陰虛、咽乾口渴、便秘、熱病、肺燥乾咳等患者食用。

✖ 凡脾胃虛寒、泄瀉、痰多、感染風寒者均應忌服。

食用宜忌

✔ 可用於煎湯、泡茶、做粥等。

✖ 麥冬與款冬、苦瓜、苦參相克，不宜同食。

淮山麥冬燉燕窩

材料：鮮淮山150克，麥冬20克，燕窩5克，雞湯750毫升，鹽2克。

做法：

將鮮淮山去皮，切成丁；麥冬去內梗，洗淨；燕窩用45℃溫水浸泡，去燕毛，洗淨。將燕窩、鮮淮山、麥冬、雞湯、鹽同放燉杯內，置大火上燒沸，再用小火燉35分鐘即成。

功效：

淮山麥冬燉燕窩可以滋陰清肺、潤燥生津，對腸燥便秘有很好的治療效果。

治病配方

治燥傷胃陰：玉竹、山麥冬各15克，沙參10克，甘草5克，水五杯，煮取二杯，分2次服。（出自《溫病條辨》玉竹麥門冬湯）

黃芩

易導致胃病復發

別名、功效：山茶根、土金茶根。有清熱燥濕、瀉火解毒、止血、安胎的功效。

忌吃人群：

凡中寒作泄，中寒腹痛，肝腎虛而少腹痛，血虛腹痛，脾虛泄瀉，腎虛溏瀉，脾虛水腫，血枯經閉，氣虛排尿不利，肺受寒邪喘咳及血虛胎不安者忌用。

為什麼不能吃黃芩

黃芩味道較苦，屬寒性的藥物，腸胃不好的人吃了可能會刺激胃黏膜，使胃酸分泌過多，導致胃病復發。

黃芩清熱安胎，但孕婦不宜擅自服用，應先諮詢醫生。

黃連

過服久服傷脾胃

別名、功效：味連、川連、雞爪連，有清熱燥濕、瀉火解毒的功效。

忌吃人群：

本品大苦大寒，過服久服易傷脾胃，脾胃虛寒者忌用；苦燥傷津、陰虛津傷者慎用；胃虛嘔惡、脾虛泄瀉、五更瀉者慎服。

為什麼不能吃黃連

黃連味苦、性寒，歸心、肝、胃、大腸經，質堅味厚，降而微升，具有清熱瀉火、燥濕、解毒的功效，但是過久服用容易傷及脾胃。

長期服用黃連會導致維他命 B 雜吸收障礙。

大黃

哺乳婦女服用後，可能引起嬰兒腹瀉，應慎重。

脾胃虛弱者不宜食

入藥、功效：為蓼科植物掌葉大黃、唐古特大黃或藥用大黃的根莖。大黃含有蒽類衍生物、苷類化合物、鞣質類、有機酸類、揮發油類等，有瀉熱通腸、涼血解毒、逐瘀通經的功效。

忌吃人群：
脾胃虛寒，血虛氣弱，婦女胎前、產後、月經期及哺乳期均慎服。

為什麼不能吃大黃
大黃可用於腸胃實熱積滯、大便秘結、腹脹腹痛等症，但是大黃的泄瀉功效較強，脾胃虛弱的人吃多了容易損傷腸胃。

龍膽

大劑量服用龍膽會出現頭痛、面紅、頭暈、心率減慢等症狀。

不宜多服久服

別名、功效：為龍膽科植物龍膽或三花龍膽的根及根莖，有瀉肝膽實火、除下焦濕熱的功效。

忌吃人群：
脾胃虛寒、陰虛陽亢之證者忌食。一般人也不宜多服或久服。

為什麼不能吃龍膽
龍膽味苦，可瀉肝膽實火，除下焦濕熱，有健胃的功效，但是服用過多，會刺激胃黏膜的分泌，損傷腸胃。

附子理中丸

溫補脾胃

組成：附子(製)、黨參、白朮(炒)、乾薑、甘草。輔料為蜂蜜。

用法：大蜜丸一次1丸，一日兩三次，用溫水送服。

功效主治：溫中健脾。主治脾胃虛寒，脘腹冷痛，嘔吐泄瀉，手足不溫。

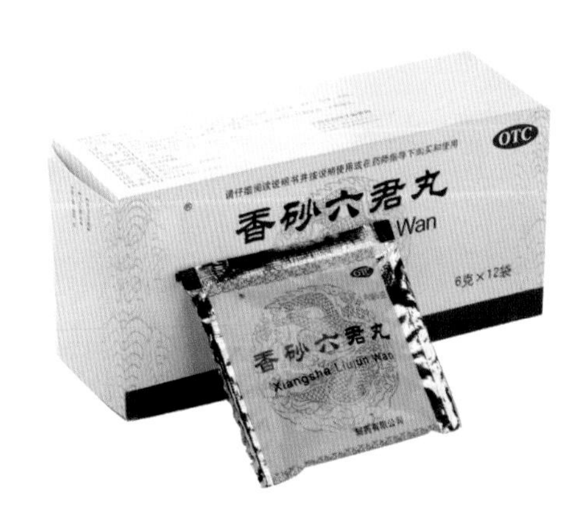

香砂六君丸

健脾養胃

組成：廣木香、西砂仁各24克，炒黨參、炒白朮、茯苓、製半夏各60克，炙甘草、炒廣皮各30克。

製法：共研細末，每料用薑、紅棗各30克，煎湯代水泛丸，如綠豆大，約成丸300克。

用法：每日2次，每次6克，食後開水吞服。

功效主治：益氣健脾、化痰和胃。主治脾虛氣滯、消化不良、噯氣食少、脘腹脹滿、大便溏泄。

胃蘇顆粒

養胃止痛

組成：紫蘇梗、香附、陳皮、香櫞、佛手、枳殼、檳榔、雞內金(製)。輔料為糊精、甜菊苷、羧甲澱粉鈉、蔗糖。

用法：一次1袋，一日3次，用溫水送服。

功效主治：理氣消脹、和胃止痛。主治氣滯型胃脘痛，症見胃脘脹痛、竄及兩脅、胸悶食少、排便不暢及慢性胃炎見上述症候者。

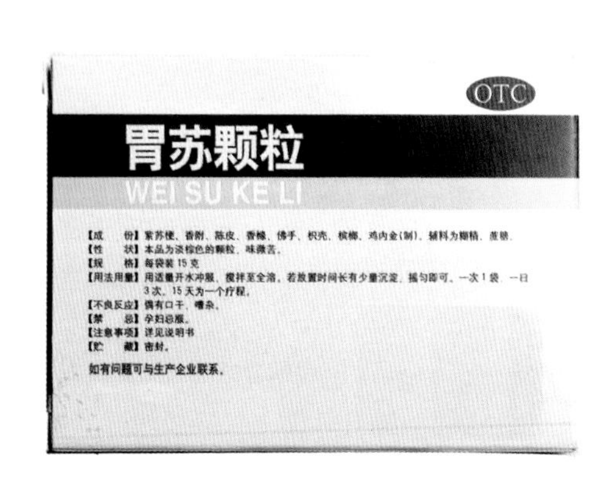

牛黃解毒片

長期服用身體虛

人們在日常生活中碰到拉肚子、上火、便秘、感冒流涕等小毛病時，會有針對性地服用諸如牛黃解毒片等既便宜又見效的中成藥。但長期服用這類藥，很有可能會讓你的身體越來越糟糕。

牛黃解毒片是含劇毒成分的中成藥，其內所含的二硫化二砷有毒副作用。砷元素在進入體內後不會馬上引起中毒，但長期濫用，砷在人體內日積月累，會導致慢性中毒。作為清熱瀉火藥，牛黃解毒片是瀉三焦實火、清肺胃實熱的，只能在上火嚴重時暫時服用以緩解症狀，不可作為長期的治療用藥。

三黃片

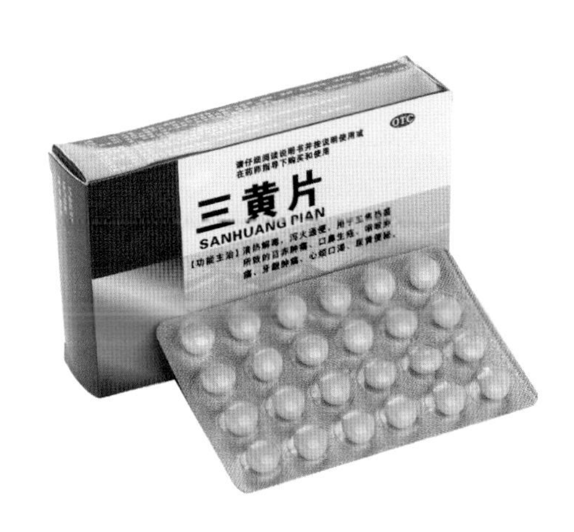

虛性便秘不對症

很多人都知道在便秘的時候可以吃些三黄片，有時還會大劑量地服用，以為這樣可以排毒養顏。殊不知食用不當會對腸胃造成一定的損傷。

三黃片主要用於瀉火通便，但是，三黃片為寒涼性狀的中成藥，一般只對實熱型便秘有效，並不是所有的便秘都可以服用。

清火梔麥片

傷胃傷脾

一些人吃了火鍋等刺激性強的食物，喜歡吃幾片清火梔麥片來“除火氣”。但如果長期服用，會出現易長痘、身體不適的症狀。

清火梔麥片為清熱解毒的中成藥，含穿心蓮、梔子、麥冬，對肺胃熱盛所致的咽喉腫痛、發熱、牙痛、目赤等有效，是很好的涼血藥，但這類藥物長期服用會傷胃和脾臟。

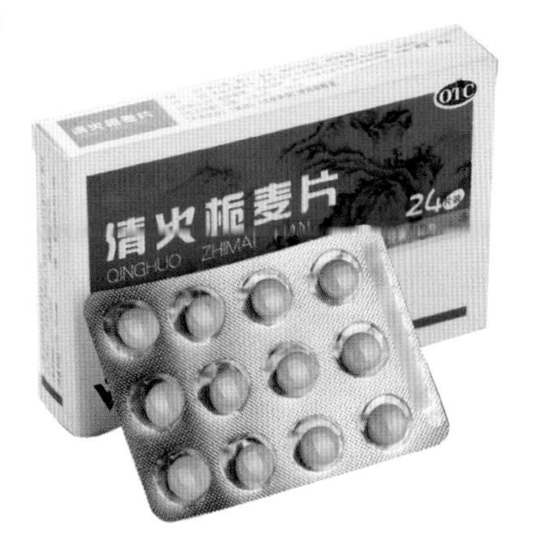

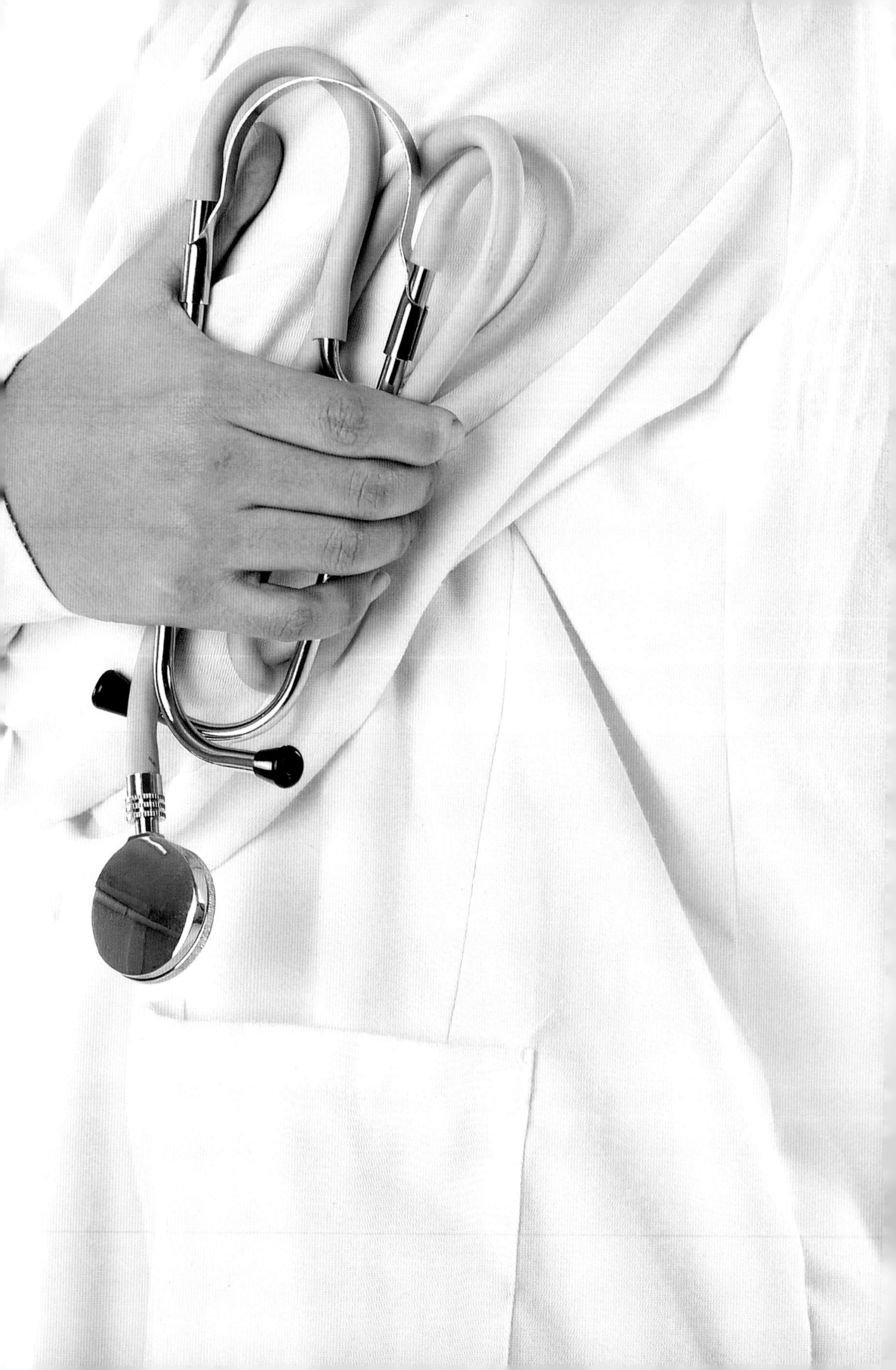

第四章

腸胃病調治宜忌

腸胃病有許多種，諸如胃食道反流病，急、慢性胃炎，胃結石，胃下垂，急、慢性腸炎等，嚴重的還有胃癌、腸癌等惡性腫瘤。針對不同的腸胃病，就要有不同的治療方法。比如，有的腸胃病飲食宜鹼忌酸，而有的則恰恰相反；有的宜食膳食纖維類食物，有的則忌食。本章特意制定了大多數常見腸胃病的一些調治宜忌，方便讀者針對自身的情況，合理地進行調養。

胃酸過多

胃酸過多可能由長期酗酒，喜食辛辣食物，生活不規律，不定時用餐，精神緊張，喝過多碳酸類飲料，大量吸煙等因素引起，也可能是因為服用某些對胃有損害的藥物如非甾體抗炎藥(阿司匹林、吲哚美辛等)，外科手術，嚴重燒傷或細菌感染，遺傳等原因引起。

胃酸過多會對胃黏膜造成損傷，出現反酸、胃灼熱、反胃等現象，甚至造成胃潰瘍或十二指腸潰瘍的嚴重後果。如出現此種情況，患者一定要及時治療，以免造成嚴重後果。

養腸胃飲食原則

①不吸煙，不飲酒，不喝含酒精或咖啡的飲料，不喝濃茶。

②避免進食柑橘類水果、朱古力、薄荷、油膩食物、洋蔥和辛辣食物等。

腸胃病不復發飲食原則

①反酸者要儘量多參加一些體育鍛煉，增強自身的體質，提高抗病和抗感染的能力。

②反酸者要注意飲食衛生，儘量減少外出就餐的次數，這樣可以最大限度地避免幽門螺旋桿菌的交叉感染。

飲食宜忌

✔ 宜多吃鹼性食物，如蘇打餅乾、菠菜、油菜等。適量吃一些新鮮的鹼性水果，如葡萄、西瓜、香蕉、蘋果、生梨、士多啤梨、柿子等。

✖ 不發酵的麵食，如家常烙餅、餡餅、水餃等。少吃酸性食物，如豆類、花生等。

蕎麥薏米粥

材料：

蕎麥20克，薏米30克。

做法：

①薏米、蕎麥淘洗乾淨，各浸泡2個小時。
②將薏米、蕎麥放入鍋中，加入適量水，煮熟即可。

功效：

蕎麥有健胃消食的功效，能緩解消化不良、食慾不振、腸胃積滯等症；薏米有健脾利濕的功效，對腸道健康十分有益。因此，本品特別適宜反酸者食用。

此粥能有效緩解胃酸過多。

清炒翠玉瓜

材料：

翠玉瓜500克，鹽、油各適量。

做法：

①翠玉瓜洗淨，切成絲。
②鍋中倒入油燒熱，放入翠玉瓜炒至斷生，加鹽調味即可。

功效：

翠玉瓜具有清熱解毒、利尿滲濕、健脾益胃的功效，還能增強免疫力，防止病毒的入侵。

翠玉瓜切的時候別太薄，防止高溫致癌。

蔬菜雞蛋麵片

材料：

雞蛋4隻，麵粉100克，椰菜、胡蘿蔔各少許，鹽、油各適量。

做法：

①將雞蛋打成蛋液，加入麵粉，攪拌成麵糊。
②將椰菜、胡蘿蔔切成絲，鍋中倒油，將蔬菜絲翻炒片刻後沖入熱開水即成湯。
③將麵糊用筷子沿着碗邊迅速滑入鍋中。
④等麵片都浮在湯表面之後，加入鹽調味即可。

功效：

本品容易消化，能促進腸胃的蠕動，可緩解胃酸過多。

麵片更適合晚餐食用，因為麵食容易消化。

淺表性胃炎

淺表性胃炎是一種慢性胃黏膜淺表性炎症，它是慢性胃炎中最常見的一種類型。淺表性胃炎的基本病變是上皮細胞變性，小凹上皮增生與固有膜內炎性細胞浸潤，有時可見到表面上皮及小凹上皮的腸上皮化生，不伴固有腺體的減少。病變部位常以胃竇明顯，多為彌漫性，症狀為胃黏膜充血、水腫及點狀出血與糜爛或伴有黃白色黏液性滲出物。

養腸胃飲食原則

①飲食宜清淡，富有營養，規律有節，定時定量，切忌過饑過飽、暴飲暴食。同時避免濃茶、咖啡、香料、粗糙生硬食物的攝入，戒煙戒酒，以防損傷胃黏膜。

②忌用或少用對胃黏膜有損害的藥物，如阿司匹林、保泰松、吲哚美辛、利舍平、甲苯磺丁脲、激素等。若必須服用這些藥物，一定要飯後服用，或者同時服用抗酸劑及胃黏膜保護藥，以防止其對胃黏膜的損害。

③烹調方法宜採用蒸、煮、燜、燴、炒等方法，不宜用炸、烤、熏、烙、醃的方法。

腸胃病不復發飲食原則

積極治療口腔、鼻腔、咽部慢性感染灶，以防長期吞食局部感染灶的細菌或毒素，造成胃黏膜炎症。積極治療可預防慢性胃炎導致的全身性疾病，如肝、膽、胰、心、腎疾病及內分泌病變等。

飲食宜忌

✔ 膳食纖維少、無刺激性、細軟易消化的食物。食物中應含有足夠的蛋白質、熱量、維他命等營養物質，如豆漿、牛奶等。飲食宜清淡、富有營養，規律有節，定時定量。

✖ 過酸、過辣等刺激性食物，如辣椒、烈酒、洋蔥等。忌吃產氣性強、高脂肪的食物，如芸豆、肥豬肉、奶油等。切忌過饑過飽、暴飲暴食。

小米粟米粳米粥

材料：

小米50克，粟米渣、粳米各20克，白糖適量。

做法：

①將小米、粟米渣、粳米分別洗淨，備用。
②將所有材料放入鍋中，加入適量水，煮至粥黏稠時，加入適量白糖調味即可。

功效：

小米有健脾和胃、疏肝解鬱的功效，還能緩解精神緊張；粟米渣、粳米也有健脾益胃的功效。因此，本品適宜脾胃虛弱的淺表性胃炎患者食用。

如果喜歡潤滑口感的，可先將粟米渣打成粉再熬粥。

百合蓮子瘦肉粥

材料：

粳米100克，豬瘦肉50克，蓮子30克，紅棗2枚，百合2朵，鹽適量。

做法：

①將以上食材洗淨，備用；豬瘦肉洗淨，切絲。
②將粳米、蓮子、紅棗放入鍋中煮粥。
③粥煮沸後加入瘦肉絲，煮熟後加入百合再煮10分鐘，最後加少許鹽調味即可。

功效：

百合有清心、潤肺的功效；蓮子有安神的功效；紅棗有補脾胃的功效。本品適宜慢性胃炎患者食用。

豬瘦肉要煮得軟爛、易嚼，促進消化。

紅棗淮山排骨湯

材料：

排骨200克，淮山150克，紅棗3枚，葱段、薑片、料酒、鹽各適量。

做法：

①排骨洗淨剁小塊，淮山去皮切滾刀塊，分別汆水撈出。
②鍋中放入排骨、葱段、薑片、料酒和適量水煮30分鐘，加入淮山、紅棗再煮10分鐘。
③出鍋前加入鹽調味即可。

功效：

排骨可補腎益氣，淮山可健脾補肺，紅棗有安神、補脾胃的功效。本品不僅營養豐富，而且十分養胃。

淮山與排骨搭配，養胃效果非常好。

胃及十二指腸潰瘍

胃潰瘍和十二指腸潰瘍，因其病因、臨床症狀及治療方法基本相似，所以合二為一。多由胃酸分泌過多、感染幽門螺旋桿菌、胃黏膜屏障受損、精神情志因素及長期服用抗感染類藥物所引起的。其典型表現為饑餓不適、飽脹噯氣、泛酸或餐後定時的慢性中上腹疼痛，嚴重時可有黑便與嘔血症狀。

養腸胃飲食原則

①飲食要細嚼慢咽，避免急食，因為咀嚼可以增加唾液分泌，而唾液能稀釋和中和胃酸，具有提高黏膜屏障作用。

②急性胃潰瘍患者宜少食多餐，每天進食四五次，如症狀得到控制，再恢復到一日三餐。

③戒煙忌酒，煙草中的有害成分不僅能刺激胃酸分泌，還會導致潰瘍面積擴大。

腸胃病不復發飲食原則

①應定期到醫院檢查，並堅持服藥。

②保持良好的精神狀態和愉快的心情，避免情緒波動，切忌長期處於抑鬱或煩躁的狀態。

③飯後可平躺休息，雙手按順時針方向輕揉腹部，可加速腸胃蠕動，緩解腹脹。

飲食宜忌

✔ 易消化，熱量、蛋白質和維他命豐富的食物，如粥、細麵條、牛奶、軟米飯、雞蛋、豬瘦肉、豆腐和豆漿等。宜吃富含維他命A、維他命B雜、維他命C的食物，如新鮮蔬菜和水果等。

✖ 油煎、油炸食物以及含膳食纖維較多的食物，如芹菜、韭菜、豆芽、火腿、臘肉、魚乾等。忌吃刺激性食物，如濃肉湯、生葱、生蒜、濃縮果汁、咖啡、酒、濃茶等。

南瓜綠豆薏仁粥

材料：

南瓜200克，綠豆100克，薏米50克，紅棗2枚。

做法：

①將綠豆、薏米提前浸泡後，和粳米一起淘洗乾淨；南瓜洗淨，切大塊；紅棗洗淨。

②將上述食材一起放入高壓鍋大火燒開後轉小火壓15分鐘後關火。

功效：

綠豆有利水、清熱、消暑的功效；紅棗有安神、補脾胃、輔助降血脂的功效；南瓜有解毒、消腫的功效。特別適宜胃潰瘍患者食用。

南瓜十分養胃，還可以修復胃潰瘍。

西洋參薏米粥

材料：

牛肉500克，八角茴香、陳皮各10克，黃酒、醬油、鹽各適量。

做法：

①將所有材料洗乾淨，豬瘦肉汆燙沖乾淨。

②鍋中加水，所有食材一起放入，水沸後改小火煲2小時，最後加鹽調味即可。

功效：

薏米有健脾、利濕、除痹的功效；花生有健脾、化痰、潤肺的功效。本品營養豐富，可以幫助修復各種潰瘍。

此粥服用24小時內不宜吃蘿蔔。

馬鈴薯燉牛肉

材料：

牛肉500克，馬鈴薯100克，胡蘿蔔1根，粟米1根，葱、薑、八角、鹽各適量。

做法：

①牛肉洗淨，切小塊；馬鈴薯、胡蘿蔔切滾刀塊；粟米切小段。

②牛肉塊涼水入鍋，開大火，水開後倒入葱、薑、八角等，加蓋小火燉1.5小時。

③鍋內加入馬鈴薯、胡蘿蔔、粟米段，小火燉10分鐘即可。

功效：

本品健脾益胃，適宜胃潰瘍患者食用。

牛肉和馬鈴薯一起燉，可以使營養得到補充。

反流性食道炎

反流性食道炎是胃食道反流病的典型表現之一，臨床表現多為吞嚥疼痛、胸骨後痛、燒灼感、咳嗽、氣喘、咽喉炎以及牙酸蝕症等。內鏡檢查是診斷該病的主要方法，內鏡下可見到食道下段充血、糜爛、潰瘍的形成情況。

養腸胃飲食原則

①注意少食多餐，低脂飲食，這樣可減少進食後反流症狀的頻率；相反，高脂飲食可促進小腸黏膜釋放膽囊收縮素，易導致腸胃內容物反流。

②晚餐不宜吃得過飽，避免餐後立刻平臥。

腸胃病不復發飲食原則

①應在醫生指導下用藥，避免亂服藥物產生副作用。

②保持心情舒暢，增加適宜的體育鍛煉。

③儘量減少增加腹內壓的活動，如過度彎腰、穿緊身衣褲、紮緊腰帶等。

飲食宜忌

✔ 不促進胃液分泌而熱量比較高的食物，如米飯、燕麥粥等。宜吃清淡、易消化的食物，如小米、薏米、冬瓜等。

✖ 高脂飲食，戒煙、戒酒，尤其不宜飲烈性酒。檸檬汁、咖啡、朱古力、柑橘類水果、番茄、胡椒粉等

雞內金淮山蒸蛋

材料：

雞內金30克，淮山、麥芽、茯苓、山楂各15克，蓮子肉20克，雞蛋1隻，白糖適量。

做法：

①將諸藥共研成粉末。每次取5克，放入燉盅內，打入雞蛋，加白糖調勻，入鍋隔水蒸熟，於飯後30分鐘一次吃下，每日1劑。

功效：

本膳有補脾益氣、消食開胃的作用，可用於治療脾胃虛弱、食積內停、食少難消、脘腹脹滿、呃逆、大便溏泄等病症。

蒸蛋消食開胃，適宜脾胃虛弱的人食用。

茴香牛肉

材料：

牛肉500克，八角茴香、陳皮各10克，黃酒、醬油、鹽各適量。

做法：

①將牛肉用溫水洗淨，切成小塊，與八角茴香、陳皮同放入鍋中。

②鍋中加黃酒、醬油，並放適量水，用大火煮沸後，改用小火煮2個小時，加鹽調味即可。

功效：

本膳健脾和胃，理氣散寒，適宜於輔助治療脾胃虛寒之腹痛、嘔吐、食入不化、嘈雜不適等病症。

食慾不振時可食用這道菜來調節。

黃芪猴頭菇雞湯

材料：

雞1隻，黃芪30克，猴頭菇100克，紅棗6枚，薑3片，鹽適量。

做法：

①將雞宰殺後，去毛及內臟，洗淨；猴頭菇洗淨切片；紅棗、薑洗淨。

②將雞、黃芪、紅棗、薑同放鍋中，加水適量，用大火煮沸後，改用小火煲2個小時，撈去黃芪，加入猴頭菇，並放鹽，再煲至猴頭菇熟即可。

功效：

猴頭菇有補脾益氣的功效，適宜反流性食道炎患者食用。

此湯不宜加過多調料，否則會影響雞湯的鮮香。

胃結石

胃結石是因進食某種物質後在胃內形成的石性團塊狀物。大多由於食入的某種動植物成分、毛髮或某些礦物質在胃內不被消化，凝結成塊而形成，如食入柿子、黑棗、山楂等物。胃結石形成後，大多數病人有上腹不適、脹滿、噁心或疼痛感；有些病人有類似慢性胃炎的症狀，如食慾不振、上腹部脹、鈍痛、反酸、胃灼熱等。

養腸胃飲食原則

①胃結石患者的飲食要保持規律，飲食的種類也要科學均衡，主食和輔食適當搭配。

②要避免暴食暴飲，避免酗酒、抽煙，調整好生活狀態。

③應避免進食肥甘厚膩、辛辣刺激的食物，以免刺激胃部。

腸胃病不復發飲食原則

①應及時接受胃鏡檢查和相關治療，防止病情惡化。

②多運動，可加快腸胃蠕動，促進碎石快速排出體外。

飲食宜忌

✔ 多喝開水，水能夠很好地稀釋胃液並且防止高濃度鹽類及礦物質聚積成結石。宜吃富含多種礦物質和微量元素的食物，如木耳。木耳能對各種結石產生強烈的化學反應，使結石剝脱、分化、溶解，排出體外。

✖ 草酸鹽含量高的食物，如番茄、菠菜、士多啤梨、甜菜、朱古力等，過多的草酸鹽攝入是導致胃結石的主要原因之一。空腹吃柑橘、山楂、酸奶、番茄、柿子、冷飲等。

茯苓粥

材料：

粳米70克，薏米20克，茯苓10克，紅棗3枚，白糖適量。

做法：

①粳米、薏米均泡發，用水洗淨；茯苓、紅棗用水洗淨。
②鍋置火上，倒入水，放入粳米、薏米、紅棗、茯苓，以大火煮開。
③待煮至濃粥狀時，加入白糖拌勻即可。

功效：

茯苓具有益脾和胃、寧心安神的功效，可用來緩解嘔吐、腹瀉、小便渾濁、心悸健忘等症。

此粥能緩解胃結石患者的腹脹、噁心感。

清燉鴨湯

材料：

鴨肉300克，葱白5克，薑、料酒、鹽、油各適量。

做法：

①將鴨肉洗淨，切塊；薑洗淨，拍鬆；葱白洗淨，切段。
②湯鍋置火上，下油燒熱，放入鴨塊、葱白、料酒、薑，爆炒10分鐘，起鍋盛入砂鍋內。
③在砂鍋內加入水，置小火上清燉3小時，加鹽即可。

功效：

鴨肉具有養胃滋陰的功效，可緩解咽喉乾燥等症。本品能養陰生津、補氣健脾，適合胃結石患者食用。

可加入少量鴨肫、鴨肝。

麻醬茄子

材料：

茄子250克，蒜2瓣，芝麻醬50克，鹽、麻油各適量。

做法：

①將蒜洗淨拍碎，切成末；茄子洗淨，切成條狀。
②將芝麻醬、鹽、麻油、蒜末拌勻。
③將茄子裝入盤中，淋上拌勻的調料，入鍋蒸8分鐘即可。

功效：

茄子具有活血化瘀、清熱消腫的功效，可改善潰瘍出血的狀況，同時還能預防消化系統腫瘤。

老茄子含有較多茄鹼不益健康，所以要選擇鮮嫩的茄子。

慢性糜爛性胃炎

慢性糜爛性胃炎，又稱疣狀胃炎或痘疹狀胃炎。常見症狀有飯後飽脹、泛酸、噯氣、無規律性腹痛等消化不良症狀。慢性糜爛性胃炎是介於慢性淺表性胃炎和消化性潰瘍之間的一種臨床常見的消化系統疾病，在臨床上具有很高的發病率。

養腸胃飲食原則

①應該多吃一些軟爛的食物，比如飯食、蔬菜、魚肉等，不宜食用油煎、油炸、半熟之品及堅硬食物，既難於消化，而且有刺傷胃絡之弊端。

②吃飯時應細嚼慢咽，充分咀嚼，使唾液大量分泌，既有利於食物的消化吸收，又有防癌和抗衰老的效果。

③常用抗酸劑，最好能在進食1~2小時後服藥，此時正是胃酸分泌最高峰，正好起到抗酸作用，如在晚上9~10點臨睡前再服一次則效果更佳。

腸胃病不復發飲食原則

①適當地運動是增加腸胃蠕動的好方法，能有效促進胃排空，增強腸胃分泌功能，提高消化能力，有助於胃炎的康復。

②精神緊張是本病的促進因素，應予避免。情緒上的不安和急躁，可導致胃黏膜缺血、抑制胃酸分泌和腸胃蠕動。所以應盡可能地避免情緒上的應激反應，解除緊張的情緒。

飲食宜忌

✔ 不促進胃液分泌而熱量比較高的食物，如米飯、饅頭等。宜吃清淡、易消化的食物，如絲瓜、白菜、冬瓜等。

✖ 刺激性飲品和食物，如濃茶、咖啡、酒類、辣椒、胡椒等。少吃容易脹氣的食物，如馬鈴薯、番薯、洋蔥、黃豆等。

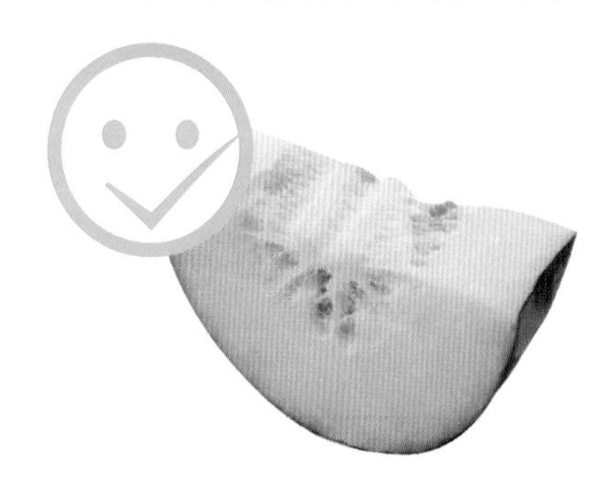

雞蛋炒苦瓜

材料：

苦瓜300克，雞蛋4隻，葱半根，鹽、油各適量。

做法：

①苦瓜對半剖開，去籽，切片；葱切末。
②雞蛋打到碗中攪勻，熱鍋，加適量油，將雞蛋炒熟並撈出。
③熱鍋，加適量油，將苦瓜倒入鍋中，翻炒均勻，再放入雞蛋，加鹽調味即可。

功效：

苦瓜有清熱、消暑的功效，雞蛋有潤燥、增強免疫力的功效。

苦瓜和雞蛋一起炒，可增進食慾、助消化。

番茄排骨湯

材料：

排骨500克，番茄2個，薑片、鹽、料酒各適量。

做法：

①排骨洗淨,切塊；番茄切成小塊。
②鍋內燒水，水開後放入排骨與料酒，燙製3分鐘後撈出沖涼水去除血水與泡沫。
③鍋內放水，加入薑片與排骨，大火燒開後改中火燉至排骨爛熟，最後放入番茄，加鹽調味。

功效：

常食本品可緩解慢性糜爛性胃炎的症狀。

番茄要在排骨煮熟時再放，可保存營養成分。

蘆筍炒百合

材料：

蘆筍200克，百合1頭，鹽、油各適量。

做法：

①蘆筍洗淨，去除根部切斜刀；百合將頭和根部黑的部分切掉，洗淨。
②將蘆筍放入開水中汆一下，撈出。
③鍋入油放入百合爆炒，再加入蘆筍翻炒，炒熟後加鹽調味即可。

功效：

蘆筍有利水、清熱、增強免疫力的功效，百合有安神、清心、潤肺的功效。本品適宜慢性糜爛性胃炎患者食用。

這道菜可保護胃黏膜，最適宜秋季食用。

胃酸不足

胃酸是胃黏膜分泌的鹽酸。如果長期處於精神緊張的狀態，神經功能就會紊亂，導致交感神經興奮，從而抑制胃酸的分泌，使胃酸分泌不足。所謂胃酸不足，就是胃中缺少鹽酸，也就是胃液分泌不足，無力負擔消化與防腐制酵的工作，影響消化吸收功能，容易患腸胃病。除此還會導致腸胃對營養物質消化和吸收的障礙。因此胃酸不足的常見症狀是食慾不佳、營養不良。

養腸胃飲食原則

①養成良好的飲食習慣，切忌不規律飲食，否則容易影響胃的節律運動，加重胃酸不足的現象。

②飲食要注意衛生，尤其是外出就餐時要注意食物是否乾淨，家中的隔夜飯或變質食物最好不吃。

腸胃病不復發飲食原則

①生活有規律，培養良好的作息規律和生活習慣。

②適當運動，多鍛煉，增強抵抗力。

飲食宜忌

✔ 一些富含高蛋白質的食物，如牛奶、豆腐、豆漿等。宜吃加入醋、檸檬汁等酸性調味料的食物。

✖ 長期進食一些油膩或油炸食品，會對胃部的吸收和消化產生負面影響。忌吃刺激性的、生冷的食物。

洋葱牛肉絲

材料：

洋葱、牛肉各150克，料酒、鹽、蒜片、葱花、油各適量。

做法：

①牛肉洗淨，去筋，切絲；洋葱洗淨，切絲。
②將牛肉絲用料酒、鹽醃漬。
③熱鍋，加油燒熱，放入牛肉絲快火煸炒，再放入蒜片，待牛肉炒出香味後加入鹽，放入洋葱絲略炒，撒葱花即可。

功效：

洋葱具有散寒健胃、降血脂、降血壓的功效，常食能穩定血壓、降低血脂、血糖，還能防治流行性感冒。

牛肉容易炒老，所以要用大火快炒。

楊桃柳橙汁

材料：

楊桃2個，柳橙1個，蜂蜜、檸檬汁各適量。

做法：

①將楊桃洗淨，切成大小均勻的塊，放入半鍋水中，煮開後轉小火熬煮4分鐘，放涼。
②將柳橙洗淨，切塊，榨汁備用。
③將楊桃倒入杯中，加入柳橙汁和所有調料一起調勻即可。

功效：

楊桃具有清熱生津的功效，可提高胃液的酸度，對胃酸分泌過少引起的慢性胃炎有一定的功效。

常飲此品可以改善胃酸不足。

木香陳皮炒肉片

材料：

豬瘦肉200克，木香、陳皮各3克，鹽、油各適量。

做法：

①先將木香、陳皮洗淨，陳皮切絲，備用；豬瘦肉洗淨，切片。
②在鍋內放少許油，燒熱後放入肉片煸炒片刻。
③加適量水燉煮，待熟時放入陳皮、木香及鹽翻炒幾下即可。

功效：

木香具有健脾消食的功效，常用於腹瀉、食積不消、不思飲食等症，適合胃酸過少患者食用。

有益腥胃，可以減輕妊娠期間胸腹漲滿疼痛。

反流性胃炎

反流性胃炎主要是由於膽汁和腸液混合，通過幽門逆流到胃，從而刺激胃黏膜產生的炎症。其產生的主要原因是做過胃大部切除的胃空腸吻合術後，引發幽門功能障礙和慢性膽道疾病等。若遷延不治，可能會轉為胃潰瘍、胃穿孔甚至胃癌。其主要症狀是胃脹、胃灼熱、胃食道反流、咽下困難等症。

養腸胃飲食原則

①低脂飲食是飲食治療的關鍵。因為脂肪能夠刺激膽囊收縮素的分泌，引起食道下端括約肌張力降低，誘發胃食道反流。

②應吃些易消化、細軟的食品，少食用刺激性食品，如濃茶、咖啡、可可、朱古力、鮮檸檬汁、鮮橘汁、番茄汁等酸味飲料，以及刺激性調料，如咖喱、胡椒粉、薄荷、辣椒等。

③晚餐不要吃得過多，另外睡前不要加餐，以免加重症狀。

腸胃病不復發飲食原則

①要定期去醫院檢查。很多人出於方便，憑經驗到藥店買非處方藥，這些藥物可能在一定程度上暫時緩解胃灼熱等症狀，但不能徹底、有效地治療疾病。

②不要中途停止服藥。有些患者雖然選對了療法，但在治療過程中，他們自認為症狀減輕了疾病就治好了。可是停藥一段時間之後症狀又會復發，如此反復，很容易導致病情加重。

飲食宜忌

✔ 食用清淡、易消化的食物，如小米粥、麵條等。宜食用含蛋白質高的食物，如豬瘦肉、牛奶、豆製品、雞蛋等。

✖ 食用高脂肪類的食物，如肥肉、奶油及食用油等。忌食用刺激性的食物，如辛辣、過冷、過熱和粗糙食物。

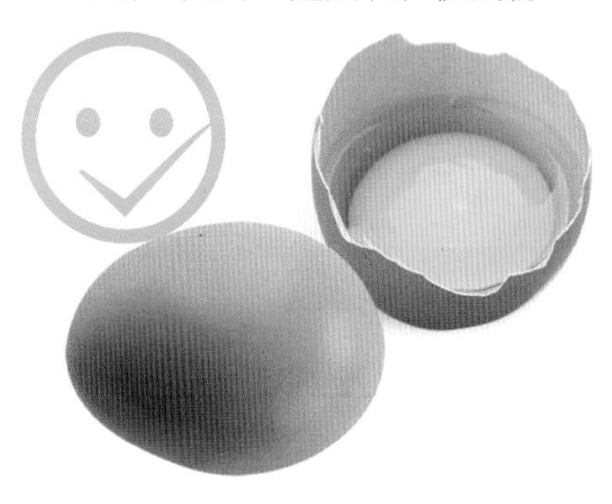

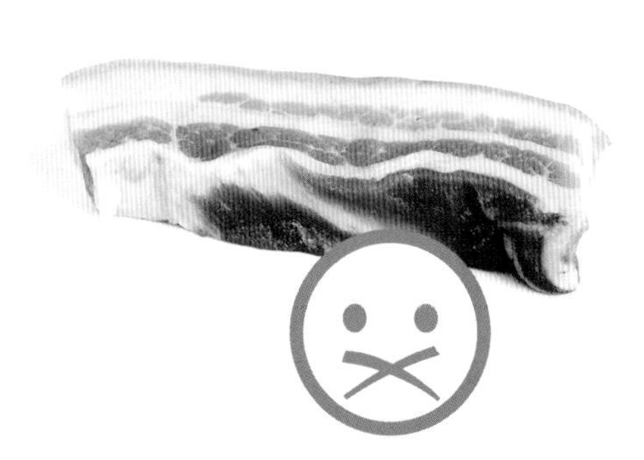

木耳炒雞蛋

材料：

雞蛋4隻，木耳50克，彩椒、葱花、鹽、醬油、油各適量。

做法：

①木耳泡發，撕成小朵；雞蛋打散。
②鍋燒熱，放入少許油轉勻，放入雞蛋液，翻炒熟雞蛋。
③將木耳、葱花、彩椒一起倒入鍋中炒勻，加入少許醬油、鹽，蓋上蓋小火燜半分鐘。

功效：

木耳有潤肺止咳、補氣、止血的功效，雞蛋有潤燥、增強免疫力的作用。

水發木耳時一定要泡透再烹飪。

苦瓜甘藍

材料：

紫甘藍200克，苦瓜100克，白糖、醋、鹽各適量。

做法：

①紫甘藍切碎末，加白糖、醋、鹽攪拌均勻。
②苦瓜挖去瓜瓤，切成片，放入開水中汆水。
③將苦瓜稍稍用鹽醃製一下，碼放在盤中。
④把調好味的紫甘藍碎末放在苦瓜圈上即可。

功效：

苦瓜有明目、清熱、消暑的功效；甘藍含有大量的纖維素，能夠增強腸胃功能，促進腸道蠕動。

苦瓜和紫甘藍搭配，清淡爽口，有益腸胃。

雙耳粟米湯

材料：

木耳、銀耳各10克，粟米1根，冰糖適量。

做法：

①把木耳和銀耳泡發，撕成小朵；粟米剝成粒。
②把泡好的木耳和銀耳，放入鍋中，加粟米粒、冰糖，加入水燒開，用小火燉2個小時即可。

功效：

木耳有潤肺止咳、補氣、止血的功效，銀耳有潤肺的功效，冰糖有和胃、健脾、潤肺止咳的功效。本品特別適宜反流性胃炎患者食用。

此湯能消除腸道垃圾，養護腸胃。

急性胃炎

急性胃炎起病比較急，是由於所食食物污染導致的胃的急性炎症，表現為突然出現的上腹部不適、疼痛、腹部絞痛、厭食、噁心嘔吐，常伴有腹瀉，嚴重者會出現發熱、嘔血或者便血、脫水甚至休克。由於服用藥物、飲酒以及食用刺激性食物導致的急性胃炎，表現與前者不盡相同，除了疼痛、噁心嘔吐等症狀外，還會出現上腹部脹滿，嚴重者也會伴有腹瀉、發熱等症狀。

養腸胃飲食原則

①腹痛明顯或持續性嘔吐的患者要禁食，靜脈輸液補充水分和電解質。

②病情較輕或有所緩解者，可進流食，持續1~3天，每天5~7餐，每餐200~250毫升，減少對腸胃的刺激。

③病情有明顯改善後，可進食清淡少渣的半流食，根據身體恢復情況逐漸過渡到軟質食物和普通食物。

腸胃病不復發飲食原則

急性胃炎與急性膽囊炎、腸梗阻等疾病症狀相似，所以不可自我判斷，應去醫院由專業醫師診斷。

飲食宜忌

✔ 多吃流質食物，米湯、鮮果汁、藕粉等。適量服用含蛋白質的食物，雞蛋湯、牛奶(若伴有腸炎腹瀉應禁食)等。

✖ 膳食纖維豐富的食物，如粗糧、豆類等。刺激性食物，如辣椒、芥末、咖喱、濃茶、咖啡等。

小米稀飯

材料：

小米50克。

做法：

小米洗淨，倒入鍋中，加入水煮至湯粥略微濃稠，米粒開花。

功效：

小米有健脾胃、養腸胃的功效，對剛剛患有急性胃炎而此時腸胃虛弱的人有食療效果，可緩解體內脫水的症狀，並幫助腸道加速毒素的排泄，是非常合適的流食。

小米稀飯中加點紅糖食用可溫胃補血。

藕粉

材料：

藕粉25克。

做法：

①藕粉倒入杯中，加少量溫水，用筷子輕輕攪動化開。

②再倒入滾燙的開水，一邊倒一邊攪拌，藕粉的顏色會發生改變，由白色變成淡褐色的膠狀物，水不用加太多，只要膠狀物形成即可。

功效：

藕粉是養生佳品，能清熱、養血益氣、健脾開胃、通便止瀉，是體弱多病、營養不良者很好的選擇，特別適合病後作為流食服用。

藕粉長時間存放會由微紅色變為紅褐色，不影響食用。

牛奶雞蛋羹

材料：

牛奶250毫升，雞蛋1隻。

做法：

①雞蛋打散，倒入牛奶攪拌均勻。

②用勺子將表面的泡沫撇去，蓋上保鮮膜，並在保鮮膜上紮幾個小眼。

③上鍋蒸，大火15分鐘即可。

功效：

雞蛋羹以其嫩滑的口感和質地，成為急性胃炎恢復時期的半流食佳選，牛奶和雞蛋能為腸胃提供適量的蛋白質，不過伴有腸炎腹瀉的人最好將牛奶換成水來蒸雞蛋羹。

牛奶雞蛋羹易消化，適合急性胃炎患者食用。

急性腸炎

急性腸炎是消化系統疾病中最常見的疾病之一，其致病菌為沙門氏菌屬，多是由於微生物對腸黏膜的侵襲和刺激胃腸道腺體的分泌，導致消化、吸收和運動等功能障礙，形成炎症。本病可發生在任何年齡，以夏秋季較多，公共衛生欠佳地區容易發生，症狀主要表現為大便稀薄、排便次數增加、腹痛等。

養腸胃飲食原則

①急性腸炎患者患病後，首先要先禁食12小時，之後逐漸進食少量流食，如米湯、豆漿、稀粥、麵湯等，隨後再慢慢恢復正常飲食。

②症狀有所好轉後，可以慢慢吃一些容易消化而且營養豐富的流質或半流質食物，但是，此時進餐應儘量採取少食多餐的方式，一日進食四五次為宜。

③應注意飲食衛生，少食生冷，不吃不新鮮、隔夜食物，尤其對生吃的水果蔬菜應徹底清洗後食用。

腸胃病不復發飲食原則

急性腸炎治療不當會導致更嚴重的疾病，如大量便血、腸穿孔、結腸癌等，因此要及時去醫院診治。

飲食宜忌

✔ 宜多吃流食，如米湯、稀粥、麵湯等。宜吃乾淨、新鮮的蔬菜，如薺菜、黃花菜、平菇等。

✘ 寒性水果，如西瓜、蘋果等。易產氣發酵的食物，如馬鈴薯、番薯、白蘿蔔、南瓜、牛奶、黃豆等。

枸杞子銀耳高粱羹

材料：

銀耳1朵，高粱50克，枸杞子、白糖各適量。

做法：

①銀耳洗淨，放入水中泡發，撕成小朵；高粱洗淨；枸杞子洗淨。
②鍋洗淨，置於火上，將銀耳、高粱、枸杞子一起放入鍋中，注入適量水，煮至熟。
③最後加入適量白糖調味即可。

功效：

高粱具有涼血解毒、和胃健脾、止瀉的功效，適用於消化不良、積食、濕熱下泄等症。

此羹也可以加些淮山、紅棗等配料。

番茄麵片湯

材料：

番茄1個，麵片50克，鵪鶉蛋3個，木耳15克，高湯、鹽、麻油、油各適量。

做法：

①番茄燙水去皮，切丁；木耳泡發。
②油鍋炒香番茄丁，炒成泥狀後加入高湯或水燒開後加入木耳、鵪鶉蛋。
③加入麵片，煮3分鐘後，加入鹽、麻油調味即可。

功效：

番茄有生津止渴、澀腸止瀉的功效，適宜急性腸炎患者食用，有明顯的收斂、抑制細菌的作用。

食慾不振或常喝酒的人，比較適合喝這款湯。

枸杞子紅棗粥

材料：

枸杞子10克，紅棗10枚，粳米30克，白糖適量。

做法：

①將枸杞子洗淨，除去雜質。
②紅棗洗淨，除去核；將粳米淘洗乾淨。
③將枸杞子、紅棗和粳米放入鍋中，加入適量水，用大火燒沸。
④再用慢火煮30分鐘，加入白糖調勻即可。

功效：

枸杞子、紅棗都有滋潤氣血的功效，對急性腸炎所導致的氣血不足有一定的滋補作用。

此粥胃酸過多者不宜常服。

慢性腸炎

慢性腸炎是腸道的一種慢性疾病，其病因可為細菌、真菌、病毒、寄生蟲等微生物感染，亦可為過敏、變態反應等。臨床表現為長期慢性或反復發作的腹痛、腹瀉及消化不良等症狀，重者可有黏液便或水樣便。嚴重者可出現腸道大出血、腸穿孔，甚至癌變。

養腸胃飲食原則

①慢性腸炎患者要規律飲食，因為有規律地進餐，且定時定量，有助於形成條件反射，促進消化腺的分泌。

②慢性腸炎者多半身體虛弱、抵抗力差，因而更應注意飲食衛生，不吃生冷、堅硬及變質食物，不喝酒、不吃辛辣刺激性食物。

③蘋果含有鞣酸及果酸成分，有收斂止瀉作用，慢性腸炎患者可經常食用。

腸胃病不復發飲食原則

慢性腸炎也會誘發一些併發症，如腸穿孔、中毒性腸擴張、腸狹窄、結腸癌等，因此需定期去醫院檢查。

飲食宜忌

✔ 宜食易消化、低脂、少纖維的食物，如麵條、餛飩、魚、蝦、蛋等。宜多喝淡鹽開水、菜湯、米湯、果汁、米粥等，以補充水分、鹽和維他命。

✖ 油膩、油炸食品。蔗糖及易產氣發酵的食物，如馬鈴薯、番薯、白蘿蔔、南瓜、牛奶、黃豆等。

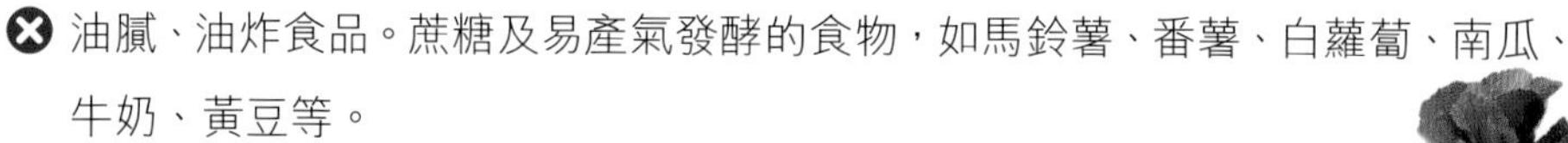

番茄炒西蘭花

材料：

番茄50克，西蘭花250克，蒜、鹽、油各適量。

做法：

①西蘭花洗淨、掰成塊，放入開水中汆1分鐘後，撈出過涼水。
②番茄洗淨，去皮，切塊；蒜切成薄片。
③鍋熱後倒入油，放入番茄翻炒，之後再加入西蘭花翻炒，炒熟，加入切好的蒜片、鹽即可出鍋。

功效：

西蘭花質地細嫩，食後極易消化吸收，適宜於中老年人、小孩和脾胃虛弱、消化功能弱者食用。

西蘭花可用鹽水浸泡一會，將小蟲子泡出。

淮山燉排骨

材料：

淮山100克，排骨500克，料酒、薑、葱、鹽各適量。

做法：

①將淮山用溫水提前浸泡，切成片；排骨洗淨，剁成段；薑拍鬆；葱切段。
②將淮山、排骨、料酒、薑、葱同放燉鍋內，加入水適量，置大火燒沸，再用小火燉煮35分鐘。
③最後加入鹽調味即可。

功效：

淮山有收斂作用，能夠補脾養胃，可用於脾虛食少、久瀉不止等患者，適宜慢性腸炎患者食用。

這道菜有益於慢性腸炎者滋養身體、養胃。

木瓜銀耳湯

材料：

木瓜400克，銀耳5朵，蓮子、枸杞子、冰糖各適量。

做法：

①木瓜去皮去籽，切塊，蓮子洗淨，銀耳和枸杞子浸泡30分鐘，銀耳撕成小塊。
②鍋中放入適量水，燒開後轉小火。將銀耳、蓮子和冰糖放入鍋中，煮約30分鐘。
③放入木瓜塊和枸杞子再煮5分鐘後關火。

功效：

木瓜有和胃、化濕的功效，銀耳有潤肺的功效，蓮子有養心安神、止瀉、補脾的功效。

煲湯、炒菜宜選用不太成熟的木瓜。

腹瀉

腹瀉一般是指每天大便次數增加或排便次數頻繁，糞便稀薄或含有黏液膿血，或者還含有不消化的食物及其他病理性內容物。正常人每天排便1次，排出糞便的量為200~400克。也有少數人每天雖排便兩三次，但糞便性狀正常，則不能稱為腹瀉。一般將腹瀉分為急性腹瀉與慢性腹瀉兩類，前者是指腹瀉呈急性發病，歷時短暫，而後者一般是指腹瀉超過2個月者。

養腸胃飲食原則

①急性水瀉期需暫時禁食，使腸道完全休息。排便次數減少、症狀緩解後改為低脂流質飲食，或低脂少渣、細軟易消化的半流質飲食，如粳米粥、藕粉、麵條、麵片等。

②要補充維他命，比如補充維他命B雜和維他命C，如鮮橘汁、新鮮果汁、番茄汁、菜湯等。

腸胃病不復發飲食原則

①腹瀉次數過多者可用止瀉劑，伴有心衰、腦水腫、休克肺、彌散性血管內凝血等應及早給予對症治療。

②運用推拿的推、拈、捏、提、按、抹等手法，配合其他推拿手法與穴位，可治療小兒秋季腹瀉。

飲食宜忌

✔ 腹瀉嚴重者早期應禁食讓胃腸道休息，緩解期可食用易消化的軟食，如麵條、粥、饅頭、米飯、瘦肉泥等。

✘ 油煎、油炸的食物，如肉類、蛋、火腿、香腸、醃肉等。忌吃肥肉，堅硬及含膳食纖維多的蔬菜、生冷瓜果，油脂多的點心及冷飲等。

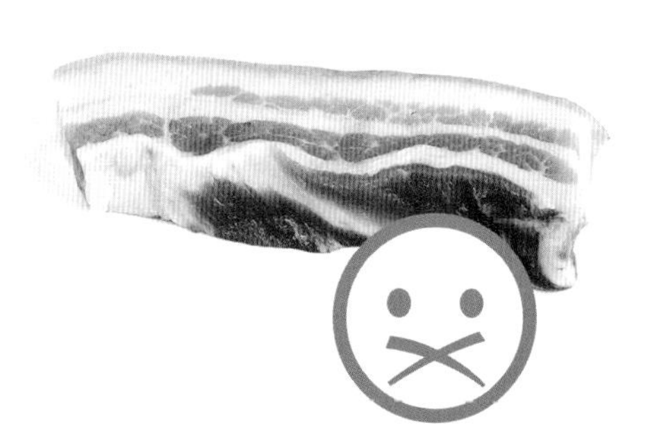

雞茸粟米羹

材料：

雞胸肉100克，鮮粟米粒50克，雞蛋1隻，鹽適量。

做法：

①鮮粟米粒洗淨；雞胸肉洗淨，切丁；把雞蛋打成蛋液。
②把鮮粟米粒、雞肉丁放入鍋內，加水大火煮開，加蓋轉中火再煮30分鐘。
③將蛋液沿著鍋邊倒入，一邊倒入一邊進行攪動。
④開大火將蛋液煮熟，加入鹽調味即可。

功效：

粟米中含有穀氨酸，能清除體內廢物，有助於緩解腹瀉的症狀。

此羹宜選擇雞胸肉，因為其蛋白質含量高。

黃芪枸杞子母雞湯

材料：

黃芪、枸杞子各10克，母雞200克，紅棗5枚，薑片、鹽、米酒各適量。

做法：

①將黃芪、枸杞子、薑片洗淨並放入調料袋內。
②母雞切成小塊，放入開水中汆一會兒，撈出洗淨。
③將雞塊、紅棗和調料袋一起放入鍋內，加水。
④大火煮開後，改小火燜燉1小時，出鍋前加入鹽、米酒調味即可。

功效：

此湯有理氣固本、強身壯腰的功效，適宜身體虛弱者食用。

特別適宜腹瀉後為身體補充營養食用。

赤小豆花生燕麥粥

材料：

赤小豆、花生、桂圓肉各30克，燕麥50克，白糖適量。

做法：

①赤小豆、花生、桂圓肉洗淨，浸泡。
②在砂鍋中倒入適量水，放入赤小豆、花生、桂圓肉煮開。
③加入燕麥煮至濃稠狀，加入白糖拌勻均可。

功效：

赤小豆具有利水除濕、滋補強壯、健脾養胃的功效，還能增進食慾，促進腸胃消化吸收，適宜腹瀉患者食用。

蓋鍋蓋時要留氣孔，以防粥煮沸溢出。

胃下垂

胃下垂是指站立時胃的下緣達盆腔，胃小彎弧線最低點降至髂脊連線以下。本病的發生多是由於膈肌懸吊力不足，肝胃、膈胃韌帶功能減退而鬆弛，腹內壓下降及腹肌鬆弛等因素，加上體形或體質等因素，使胃呈極低張的魚鉤狀。輕度胃下垂多無症狀，中度以上常出現腹脹、噁心、噯氣、胃痛伴重垂感，偶有便秘、腹瀉等症狀。多見於體虛、身形瘦長之人。

養腸胃飲食原則

①飲食宜清淡，營養要均衡，儘量少食用刺激性的食物。

②養成良好的飲食習慣，飲食要定時定量，體瘦者應該增加營養。

③飲食宜少食多餐，以減輕胃的負擔；吃飯時要細嚼慢嚥，避免狼吞虎嚥。

腸胃病不復發飲食原則

①保持樂觀情緒，不要喜怒無常，脾氣暴躁等。

②應積極加強體育鍛煉，比如散步、練氣功、打太極拳等，可增強體力和胃壁張力。

飲食宜忌

✔ 對胃有益的食品，如椰菜、胡蘿蔔、猴頭菇、酸奶、山楂等。宜多吃一些溫補的食物，如紅棗、杏仁、鮮藕汁、羊肉、薑等。

✖ 生冷與刺激性強的食物，以及體積大的食物。大量飲用水及各種飲料。

紅棗蓮子小麥粥

材料：

小麥100克，紅棗6枚，蓮子10克，白糖適量。

做法：

①將小麥洗淨，並加水浸泡約1小時。
②紅棗洗淨，蓮子用溫水洗淨。
③將泡過的小麥連同水一起放入鍋內，再放入紅棗和蓮子，先以大火煮沸，再轉小火煮成稍微黏稠的粥即可，可加入適量白糖調味。

功效：

小麥具有健脾益氣的功效，對脾胃虛弱引起的胃下垂有療效。

喜歡甜味的可加白糖調味。

胡蘿蔔小米粥

材料：

胡蘿蔔、小米各100克。

做法：

①胡蘿蔔洗淨，切成1厘米見方的丁。
②小米洗淨。
③將胡蘿蔔丁和小米一同放入鍋內，加水大火煮沸。
④轉小火煮至胡蘿蔔綿軟，小米開花即可。

功效：

小米含多種維他命、氨基酸、脂肪、纖維素和碳水化合物，營養價值很高，具有補血、健腦的功效，適宜身體虛弱的胃下垂患者食用。

此粥鬆軟可口，有益改善身體虛弱。

歸棗牛筋湯

材料：

牛蹄筋100克，花生50克，紅棗、當歸、鹽各適量。

做法：

①牛蹄筋去掉肉皮，浸泡4小時，洗淨，切條；花生、紅棗洗淨。
②將當歸放進熱水中浸泡30分鐘，然後取出切薄片。
③砂鍋加水，放入所有食材，大火煮沸後，改用小火燉至牛蹄筋爛熟，加入鹽調味。

功效：

牛蹄筋中含有膠原蛋白，可補益氣血、強壯筋骨，對於脾胃虛弱、中氣下陷的胃下垂患者有較好的療效。

牛蹄筋最好選用品質較好的壯年牛的蹄筋。

胃出血

胃出血俗稱上消化道出血，40%以上是由胃、十二指腸潰瘍導致，工作過度勞累、日常飲食不規律、情緒異常緊張等是其常見原因，或者由於精神上受到較大刺激，致使血管充血而造成胃出血。胃出血症狀多以嘔血和便血為主。患者嘔血前有噁心感，便血前有便意感，便後雙眼發黑、心慌，甚至暈厥、面色蒼白、口渴、脈速無力、血壓下降等。

養腸胃飲食原則

①飲食宜清淡，少食辛辣、煎炒、油炸、烈酒等不消化和刺激性食物，多食水果、蔬菜，多飲水。

②規律飲食，三餐定時定量，宜少食多餐，不可暴飲暴食。

③飲食應以易於消化的烹調方式為主，如蒸、煮、燉等。

腸胃病不復發飲食原則

①生活要有規律，保持良好的作息習慣，養成良好的生活習慣。

②保持良好的精神狀態，因為長期處於壓力下或不良情緒中會加重病情。

③加強體育鍛煉是治療的關鍵，如慢跑、打太極等。

飲食宜忌

✔ 胃出血時一般來說，只要不嘔血，都可以進食

✖ 嘔血的病人一定要禁食，以防進食後嘔吐或嘔血造成窒息。通常在停止嘔血12小時後，不管是否還有黑便均可考慮恢復進食。如又出現嘔血，則再次禁食。

薺菜粥

材料：

鮮薺菜50克，粳米100克，鹽適量。

做法：

①將鮮薺菜擇洗乾淨，切成段。
②將粳米淘洗乾淨，放入鍋內，煮至將熟。
③把薺菜放入鍋內，用小火煮至熟，加鹽調味即可。

功效：

薺菜可增強大腸蠕動，促進排便，具有健脾利水、止血解毒的功效，適宜胃出血患者食用。

孕婦不宜食用此粥。

什菌一品煲

材料：

猴頭菌、草菇、平菇、乾香菇各20克，白菜心、葱段、鹽、素高湯各適量。

做法：

①乾香菇泡發後洗淨，去蒂，劃出花刀；平菇洗淨去根部；猴頭菌和草菇洗淨後切開；白菜心掰成小棵。
②鍋內放入水或素高湯、葱段，大火燒開。
③再放入所有食材，轉小火煲10分鐘，加鹽調味即可。

功效：

什菌湯味道香濃，具有很好的開胃作用，適合胃出血患者食用。

適合產後虛弱、食慾不佳的產婦食用。

藕汁郁李仁蒸蛋

材料：

雞蛋1隻，郁李仁8克，藕汁、麻油、鹽各適量。

做法：

①將郁李仁洗淨，與藕汁調和。
②將雞蛋打入碗中，加水和鹽，與郁李仁、藕汁調勻。
③將食材放入蒸鍋蒸熟，取出，淋少許麻油即可。

功效：

郁李仁具有潤燥滑腸的功效，雞蛋有補益氣血、補脾和胃的功效，蓮藕可清熱解毒。本品營養豐富，是胃出血患者的食療佳品。

潤腸通便，補益氣血，能有效緩解胃出血。

腸梗阻

腸梗阻是指各種原因所致的腸內容物在腸道中不能順利通過和排出。當腸內容物通過受阻時，可產生腹脹、腹痛、噁心嘔吐及排便障礙等一系列症狀，嚴重者可導致腸壁血供障礙，繼而發生腸壞死，如不積極治療，可導致死亡。腸梗阻的主要症狀為陣發性腹部絞痛、嘔吐、腹脹和肛門停止排氣排便。

養腸胃飲食原則

①腸梗阻確診後需禁食，同時予以腸胃減壓和灌腸治療，營養物質由靜脈輸注，待症狀緩解後才可以逐漸恢復正常的飲食。飲食過渡期需要先食清淡易消化的流食，比如小米粥，適應後再逐漸給予半流質食物，最後再進食固體食物。

②宜吃加工或烹飪精細的食物，以利咀嚼及消化。全蛋每週可吃一兩隻。奶類及其製品、五穀根莖類、肉魚豆蛋類、蔬菜類、水果類及油脂類等六大類食物，宜多樣攝取，才能充分獲取各種營養素。

③選用植物性油脂，多採用水煮、清蒸、鹵、燉等方式烹調；禁食肥肉、內臟、魚卵、奶油等膽固醇高的食物。

腸胃病不復發飲食原則

①少食多餐，定時進餐，不要吃過於堅硬和不消化的食物。

②飯後做適當活動(如散步)以促進消化，緩解便秘。

飲食宜忌

✔ 清淡、流質的食物，如米湯、菜湯、藕粉、蛋花湯、麵片等

✘ 產氣的食物，如牛奶、豆漿以及含膳食纖維多的食物，如芹菜、黃豆芽、洋葱等。油膩、粗糙、腥發的食物，如肥肉、動物內臟、糙米、羊肉、牛肉、熏魚等。

木瓜銀耳湯

材料：

木瓜300克，銀耳1朵，蓮子50克，枸杞子25克，冰糖適量。

做法：

①木瓜洗淨，去皮，去籽，切塊；銀耳和枸杞子分別浸泡30分鐘，銀耳撕小朵。
②鍋中放入適量水，將銀耳、蓮子和冰糖放入，煮約30分鐘。
③放入木瓜塊和枸杞子再煮片刻。

功效：

木瓜有和胃、化濕的功效，銀耳有潤肺的功效，蓮子有養心安神、補脾的功效。本品可緩解腸梗阻。

清熱潤肺，緩解腸梗阻。

豆腐皮粥

材料：

豆腐皮2張，粳米20克，冰糖適量。

做法：

①豆腐皮洗淨，切成丁；粳米洗淨。
②將粳米放入鍋中，加適量水，燒開後加入豆腐皮，煮成粥後加冰糖調味即可。

功效：

此粥清淡且營養豐富，有補腦益智、健脾和胃的功效，非常適合腸梗阻患者食用。

此粥有益於補腦益智，健脾和胃。

雪菜肉絲麵

材料：

麵條、豬瘦肉各100克，雪菜末50克，料酒、鹽、葱花各適量。

做法：

①豬瘦肉切絲，加料酒拌勻。
②鍋中放入豬瘦肉翻炒，加葱花、雪菜末、鹽，翻炒幾下，熟後盛出。
③麵條煮熟後，將炒好的雪菜肉絲放在麵條上即可。

功效：

雪菜含維他命C、鈣、蛋白質等，能補充鈣質，滋補身體，適合腸梗阻手術後補充營養食用。

此麵含有蛋白質和維他命，適合各種人群食用。

消化不良

消化不良是一種臨床症候群，是由胃動力障礙所引起的疾病，也包括胃輕癱和食道反流病。消化不良分為功能性消化不良和器質性消化不良。其病在胃，涉及肝、脾等臟器、應予以疏肝理氣，健脾和胃、消食導滯等法治療。

養腸胃飲食原則

①飲食應以溫、軟、淡、素、鮮為宜，做到定時定量，少食多餐，使胃中經常有食物和胃酸進行中和。

②宜攝入含蛋白質或鈣質較多的食物，如乳類、瘦肉類、魚蝦、雞蛋黃、鹹雞蛋、皮蛋、豆類等。

③消化不良者不宜吃過冷、過燙、過硬、過辣、過黏的食物，更忌暴飲暴食。另外，服藥時應注意服用方法，最好飯後服用，以防刺激胃黏膜而導致病情惡化。

腸胃病不復發飲食原則

①應積極參加一些適當的鍛煉，可以增強自身的免疫力和消化功能。

②保持樂觀情緒，養成有規律的生活習慣。

飲食宜忌

✔ 含消化酶、清淡的食物，如軟米飯、蘿蔔、菠菜、南瓜、豆腐、雞蛋等，宜吃新鮮蔬菜和水果，如山楂、番茄、白菜、蘋果等

✖ 高脂肪食物，如堅果、肥肉等。辛辣刺激、脹氣不消化、堅硬油膩的食品，烹飪時不宜放桂皮、花椒等香辛調料。

白蘿蔔粥

材料：

白蘿蔔1根，粳米50克，紅糖適量。

做法：

①把白蘿蔔、粳米分別洗淨。
②白蘿蔔切片，先煮30分鐘，再加粳米同煮。
③煮至米爛湯稠，加紅糖適量，煮沸即可。

功效：

白蘿蔔具有下氣消食、解毒生津、利尿通便的功效。主治肺痿、肺熱、便秘、吐血、氣脹、食滯、消化不良、痰多、大小便不通暢等症，對消化和養胃有很好的作用。

白蘿蔔煮熟後可去除辣味。

熗炒金菇

材料：

金菇200克，青椒、紅椒、蒜、鹽、油各適量。

做法：

①青椒、紅椒切小丁，蒜切末。
②將金菇洗淨，用開水汆一下，迅速撈起，隨後用涼水沖泡一會，瀝乾水分。
③鍋裏放適量油，燒熱後，放青椒、紅椒、蒜蓉爆香。
④待油溫升高，燒的青椒、紅椒、蒜蓉吱吱作響後淋在金菇上，拌勻後即可食用。

功效：

金菇具有益腸胃、抗癌的功效。本品可以緩解消化不良。

金菇在汆水的時間不宜超過1分鐘。

紅棗大麥飯

材料：

粳米100克，大麥50克，紅棗8枚。

做法：

①大麥洗淨，用水泡2小時，粳米洗淨，用水泡1小時；紅棗洗淨備用。
②將粳米、大麥、紅棗放入砂鍋中加適量水，大火燒開後改小火煮5分鐘，關火悶20分鐘即可。

功效：

大麥含有豐富的膳食纖維，具有益氣、寬中、助消化、平胃止渴、消渴除熱等作用，適宜消化不良者食用。

此飯口感比較粗糙，每週吃兩次即可。

便秘

便秘是指排便頻率減少，一週內大便次數少於兩三次，或者兩三天才排便一次，糞便量少且乾結。急性便秘多由腸梗阻、腸麻痺、肛周疼痛等急性疾病引起；慢性便秘患者多表現為排便困難、糞便乾結，排便時有左下腹痙攣性疼痛與下墜感。

養腸胃飲食原則

①多吃富含纖維素的蔬菜，多吃香蕉、梨、西瓜等水果，以增加大便的體積，並應多飲水，少飲濃茶、咖啡等刺激性強的飲料。

②可經常口服蜂蜜，以起到潤腸通便的作用。應養成每天定時排便的習慣，以逐步恢復或重新建立排便反射。

腸胃病不復發飲食原則

①每晚臨睡前平臥於床上做腹式運動（深腹式呼吸），每次15~30分鐘；並可進行自我腹部按摩，按摩方法宜採用順時針方向，由右側向左側，持續15~30分鐘。

②積極進行體育鍛煉，如打太極拳、做體操、慢跑或散步等。

飲食宜忌

✔ 膳食纖維含量高的食物，如大麥、豆類、胡蘿蔔、燕麥等。宜吃含維他命B雜豐富的食物，如粗糧、酵母、豆類及其製品。

✖ 澱粉含量高的食物，如糯米、馬鈴薯等。收斂性強的食物，如高粱、石榴、蓮子等。

油菜蘑菇湯

材料：

油菜心150克，香菇100克，雞油、鹽、麻油各適量。

做法：

①將油菜心洗淨，從根部剖開，備用。

②將雞油燒至八成熟，放入油菜心煸炒，之後加入適量水，放入香菇、鹽，用大火煮幾分鐘，最後淋上麻油即可。

功效：

油菜含有相當豐富的維他命和膳食纖維，能夠緩解便秘。香菇中富含蛋白質和多種氨基酸，加上口味清淡，很適合便秘患者食用。

可加入豆腐燉湯，對老年人便秘有好處。

香菇黑米粥

材料：

香菇30克，黑米50克，鹽適量。

做法：

①將香菇泡發洗淨，切成小丁；黑米洗淨。

②將黑米放入鍋中，先用大火燒開，然後轉小火煮30分鐘。

③放入香菇，再煮20分鐘，直至黑米米粒開花，加鹽調味即可。

功效：

黑米具有健脾開胃、滋陰養血的功效，對貧血、氣管炎都有食療作用。本品具有益氣補腎的功效，適合血虛、陰虛、氣虛型的便秘患者食用。

特別適合1~2歲幼兒食用。

韭菜花豬紅湯

材料：

韭菜花100克，豬紅150克，油、鹽、上湯各適量。

做法：

①將豬紅洗淨，切塊；韭菜花洗淨，切段。

②鍋中水燒開，放入豬紅汆燙，撈出瀝水。

③油燒熱，放入豬紅、上湯及鹽，煮入味，再加入韭菜花煮熟即可。

功效：

豬紅有理血祛瘀、止血利大腸的功效，可緩解貧血、中腹脹滿等症，對陽虛型便秘有一定的緩解作用。

最好選用新鮮的韭菜花。

慢性萎縮性胃炎

慢性萎縮性胃炎，是一種常見病，世界衛生組織將其列為胃癌的癌前狀態，尤其是伴有腸上皮化生或不典型增生者，癌變可能性更大。其發病緩慢，病勢纏綿。慢性萎縮性胃炎，以胃脘部脹滿疼痛多見，有上腹部灼痛、脹痛、鈍痛或脹滿、痞悶，及食慾缺乏、噁心、噯氣、便秘或腹瀉等症狀；或脹滿而無疼痛，尚有少數患者無明顯症狀。

養腸胃飲食原則

①食物要以富含蛋白質、易消化的細軟食物為主，多吃含植物蛋白、維他命豐富的食物。

②少食多餐，每日6餐，選擇易消化的食物。可適量增加醋調味有助消化。

腸胃病不復發飲食原則

①注意飲食調理養護，有規律地定時定量進食，以維持正常消化活動的節律。切忌饑一頓飽一頓或不吃早餐，尤其應避免暴飲暴食。

②嚴重者需臥床休息，禁食一切對胃有刺激的食物或藥物，酌情禁食或給予流食；對出血者，予以止血治療。

飲食宜忌

✔ 新鮮綠葉蔬菜，如油菜、菠菜等。宜吃含優質蛋白質及含鐵豐富的食物，如牛奶、蛋白、豬肝、菠菜等。

✖ 高脂肪食物、酒、糖類、朱古力等，因為它們會使食道下段括約肌放鬆，造成反流。過硬、過辣、過鹹、過熱、過分粗糙和刺激性強的食物，如油炸食品、醃臘食品、辣椒、蒜等。

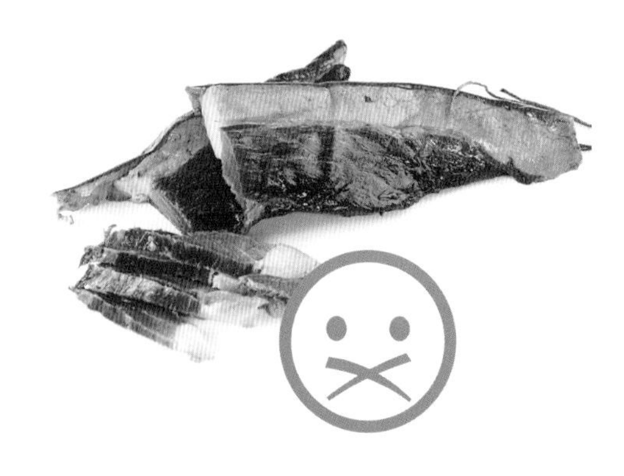

黑米赤小豆粥

材料：

黑米50克，赤小豆30克，蓮子、花生各20克，白糖適量。

做法：

①黑米、赤小豆均泡發洗淨；蓮子、花生洗淨。
②鍋置火上，倒入水，放入黑米、赤小豆、蓮子、花生煮開。
③粥煮至呈濃稠狀，加入白糖拌勻即可。

功效：

黑米有健脾開胃、滋陰補腎的功效，對於胃病、腎病患者都有食療保健作用。本品可健脾養胃，特別適合脾胃氣虛的慢性胃炎患者食用。

赤小豆宜挑選皮薄、味香、色澤鮮艷、豆沙含量高的。

冬瓜赤小豆湯

材料：

冬瓜200克，赤小豆100克，鹽適量。

做法：

①冬瓜去皮洗淨，切塊；赤小豆泡發，洗淨。
②鍋中水燒開，放入赤小豆煮至八成熟。
③放入冬瓜煮熟，加鹽調味即可。

功效：

冬瓜具有益胃生津、利水消腫的功效，對慢性支氣管炎、腸炎、肺炎等感染性疾病有一定的防治作用，適合肝胃鬱熱以及慢性胃炎患者食用。

最宜夏季食用，可清降胃火，調節食慾。

蘿蔔羊肉湯

材料：

白蘿蔔500克，羊肉200克，鹽、胡椒粉、葱、薑各適量。

做法：

①將羊肉去筋膜，切塊，汆一下，除去血水，撈出瀝水。
②白蘿蔔去皮，切成菱形片。
③先將羊肉鍋置大火上，放入葱、薑，燒沸後，改用小火煮約30分鐘，再放入切好的白蘿蔔煮至羊肉熟爛。將肉和湯裝入碗內，用鹽、胡椒粉調味。

功效：

本品適宜慢性萎縮性胃炎患者食用。

羊肉和蘿蔔搭配，能滋補身體、下氣開胃。

宜膳食纖維腸胃病

結腸炎

結腸炎是指結腸炎症性病變，主要病因有病原體感染和自身免疫反應兩個方面，主要症狀為腹瀉、腹痛、黏液便及膿血便、裏急後重，有些人表現為大便秘結、數日內不排便；常伴有消瘦乏力等症，多反復發作。根據不同病因，結腸炎可分為潰瘍性結腸炎、缺血性結腸炎、　膜性結腸炎等。

養腸胃飲食原則

①飲食應供給適宜的熱量、優質蛋白質和豐富的礦物質、維他命，以增強體質，利於患者的康復。

②飲食應少刺激、少殘渣。疾病發作時，應忌食生的蔬菜、水果，忌食刺激性的食物和調味品。

③烹調時可採用蒸、煮、燜、燉等方法，以減少食用油的攝入。

腸胃病不復發飲食原則

①應保持心情愉快，做到自我調節以減輕生活、工作所帶來的壓力，這對病情的康復十分有益。

②適當地參與鍛煉，不僅能增強自身的抵抗力，還能增強自身的活力。

飲食宜忌

✔ 少纖維、低脂肪食物，如椰菜、薺菜等。宜吃溫熱、清淡、鬆軟的食物，如南瓜、淮山、芋頭等。

✖ 容易產生脹氣的食物，如花生、番薯等。辛辣刺激性食物，如辣椒、榴蓮、韭菜等。

枸杞子銀耳湯

材料：

銀耳30克，枸杞子10克，冰糖適量。

做法：

①將銀耳浸泡，撕成小朵；枸杞子泡發。
②鍋內加入適量水，倒入銀耳，煮沸後轉入小火，慢熬。
③加入冰糖，煮約10分鐘後，加入枸杞子，攪拌均勻，稍煮片刻即可。

功效：

銀耳具有補脾益氣，滋補生津的功效，適宜腸炎者食用。

此湯能疏通腸道，促進排便。

椰菜蘑菇湯

材料：

椰菜300克，蘑菇200克，素香腸2根，鹽、高湯、油各適量。

做法：

①椰菜切大片，蘑菇切薄片，素香腸切段。
②熱鍋後下油，油熱後下素香腸用小火煎香盛出。
③鍋中另下油燒熱，先下蘑菇略炒，再下椰菜一起拌炒。
④倒入適量水或高湯，煮沸後轉小火，蓋上鍋蓋燜煮5分鐘。
⑤加入煎好的素香腸，加鹽調味即可。

功效：

本品有助於緩解胃病。

椰菜為“天然胃菜”，有助於治療結腸炎。

桂圓燕麥粥

材料：

燕麥200克，桂圓肉10顆，枸杞子少許。

做法：

①桂圓肉提前用水浸泡一晚。
②將桂圓肉和浸泡的水一起放入鍋中燒開，之後加入燕麥。
③再次煮沸後，加入枸杞子，煮至粥黏稠即可。

功效：

燕麥具有健脾益氣、補虛養胃、潤腸的功效，對便秘以及水腫等症有很好的輔助治療作用，特別適宜結腸炎患者食用。

此粥有益於補充鈣質，滋養皮膚。

痔瘡

痔瘡是直腸末端黏膜、肛管皮膚下靜脈叢迂曲和擴張而形成的柔軟靜脈團，是發生在肛門內外的常見病、多發病。任何年齡均可發病，以20~40歲多見，大多數病人隨年齡增長而加重。痔瘡的發病原因尚不明確，可能與個人衛生、飲食習慣有關，也可能是由於缺乏運動和排便習慣不良所致。

養腸胃飲食原則

①選擇含纖維素和維他命豐富的食物，有助於促進腸道蠕動的蔬菜、水果，一方面可以保持排便順暢，防止痔瘡加重；另一方面可以減輕痔瘡的瘀血和擴張。

②選擇具有清熱利濕、涼血消腫、潤腸通便作用的食物。

腸胃病不復發飲食原則

①養成定時排便的習慣，並且保持肛門週圍清潔，每日用溫水清洗，勤換內褲。

②可採取坐浴的方法來調養，比如用清熱解毒、涼血化瘀類藥物坐浴，如金銀花、黃柏、黃連、秦皮、丹參、丹皮等。

飲食宜忌

✔ 含膳食纖維的食物，如大麥、小麥、蕎麥等。宜吃新鮮蔬菜、水果，如白菜、香蕉、桃子、酸棗等。

✖ 脂肪含量高的食物，如豬皮、牛奶、杏仁、朱古力等。辛辣刺激的食物，如韭菜、茼蒿、洋葱、蒜等。

娃娃菜豆腐湯

材料：

娃娃菜200克，豆腐150克，蝦皮少許，油、鹽各適量。

做法：

①將娃娃菜洗淨切塊；豆腐切小塊，放入淡鹽水中浸泡3~5分鐘。
②鍋內加入適量水和少許油，放入蝦皮燒開，倒入豆腐。
③待湯汁燒開，放入娃娃菜，加鹽，熬煮5分鐘即可。

功效：

娃娃菜可促進排便，適宜痔瘡患者食用。

內酯豆腐要最後放，北豆腐可以早放。

蘋果粳米粥

材料：

山楂乾20克，蘋果50克，粳米100克，冰糖適量。

做法：

①粳米淘洗乾淨，用水浸泡；蘋果洗淨，切小塊；山楂乾用溫水浸泡後洗淨。
②鍋置火上，放入粳米，加適量水煮至八成熟。
③放入蘋果、山楂乾煮至米爛，放入冰糖熬溶後調勻。

功效：

蘋果可促進腸胃蠕動，防止痔瘡病情加重，粳米能夠益胃生津，此羹適宜肝腎陰虛型的痔瘡患者食用。

也可以將冰糖換成蜂蜜，促進腸道蠕動。

白菜炒木耳

材料：

白菜200克，木耳10朵，葱、薑、老抽、白糖、醋、鹽、油各適量。

做法：

①白菜洗淨，用手撕片；木耳泡發，洗淨；葱、薑切絲。
②鍋中放油，小火加熱，放入葱、薑炒出香味，再放入白菜、木耳，大火翻炒均勻。
③白菜炒至微微變軟時，倒入老抽翻炒均勻，放入適量白糖、醋、鹽拌勻即可。

功效：

痔瘡患者常食本品，有助於緩解症狀。

白菜含有膳食纖維，可促進排便。

胃息肉

胃息肉是指起源於胃黏膜上皮細胞凸入胃內的隆起性病變，早期或無併發症時多無臨床症狀，一般都是在腸胃鋇餐造影、胃鏡檢查或因其他原因而手術時意外發現的。出現症狀時常表現為上腹隱痛、腹脹，少數可出現噁心、嘔吐。合併糜爛或潰瘍者可有上消化道出血，多表現為大便潛血試驗陽性或黑便，嘔血少見。

養腸胃飲食原則

①一般胃息肉摘除術後應禁食6小時，6小時後進食流質食物1天，繼而進食無渣半流質飲食3天。

②胃息肉手術後為利於傷口的愈合及體力的恢復，須攝取含高蛋白質和高維他命的食物，如蛋、肉類、魚類、豆類、牛奶、水果、綠葉蔬菜等。

腸胃病不復發飲食原則

①為了防止胃息肉癌變，應堅持每年做一次胃鏡檢查，如有息肉則將息肉切除乾淨。

②要加強自我保健，把好吃喝這一關，儘量不給胃加重負擔。

飲食宜忌

✔ 富含優質蛋白質的食物，如雞蛋、各種粥類、細麵條等。宜吃容易消化吸收的食物，如赤小豆、茄子、魚、雞肉等。

✖ 油膩的食物，如羊油、牛油、雞油等。

菠菜拌豆芽

材料：

綠豆芽150克，菠菜、紅蘿蔔各100克，粉絲、香乾各50克，鹽、醬油、醋、麻油各適量。

做法：

①綠豆芽擇洗乾淨，紅蘿蔔洗淨後切絲，菠菜洗淨切段，分別投入開水鍋內汆一下，撈出過涼水，取出瀝乾水分。
②將以上食材一起放入盆內，加入鹽、醬油、醋和麻油，拌勻盛碟。

功效：

綠豆芽可清除血管壁中的膽固醇，菠菜可改善缺鐵性貧血的症狀。

這道菜熱量較低，可通便防癌。

赤小豆冬瓜粥

材料：

粳米30克，赤小豆20克，冬瓜、白糖各適量。

做法：

①赤小豆和粳米洗淨，泡發；冬瓜去皮，切片。
②在鍋中加適量水，放入赤小豆和粳米，煮至赤小豆開裂，加入冬瓜同煮。
③熬至冬瓜呈透明狀，加白糖即可。

功效：

赤小豆有清心養神、健脾益腎功效；赤小豆還有較多的膳食纖維，具有良好的潤腸通便、降血壓、降血脂、調節血糖、解毒抗癌、預防結石的作用。

赤小豆能利水消腫，抗菌排毒，常食用可瘦身。

小米麵蜂糕

材料：

小米麵500克，黃豆粉120克，鹼1克。

做法：

①將小米麵、黃豆粉放入盆內，倒入溫水，加入鹼，和成麵糰，加上蓋，稍餳一會兒。
②將屜布浸濕後鋪在屜上，把麵團倒在屜上用手抹平，用大火開水蒸25分鐘左右。
③將蒸熟的蜂糕扣在案板上，稍涼一會兒，切成長形小塊，即可食用。

功效：

小米可健胃除濕，黃豆粉具有增強機體免疫功能的功效。

蜂糕需在出籠前趁熱去皮，這樣才能看到蜂眼。

腸息肉

腸息肉是發生於腸黏膜上皮或腸腺體上皮的良性腫瘤，以結腸和直腸息肉多見，小腸息肉較少，可以是單個發生，也可以是幾個、幾十個或者更多發生，多數有蒂，少數是廣基的。腸息肉有惡變的趨勢，上皮層內有分化程度不同的腺細胞，含絨毛成分多的絨毛狀腺瘤惡變率最高，以腺管成分為主的管狀腺瘤惡變率較低。

養腸胃飲食原則

①合理安排每日飲食，多吃新鮮水果、蔬菜等含有豐富碳水化合物及膳食纖維的食物，適當增加主食中雜糧的比例，不宜過細過精。

②少吃高脂肪性食物，特別是要控制動物性脂肪的攝入。

③腸息肉術後應根據切除息肉的大小、數量決定飲食，如禁食1~3天或進食少許流食，逐漸過渡，1週內忌粗糙食物。

腸胃病不復發飲食原則

①小腸絨毛狀腺瘤有30%~50%的癌變率，管狀腺瘤的癌變率為3%~8%，小腸腺瘤亦可發生套疊和出血，故治療上以手術切除為宜。

②腺瘤切除後癒後良好，十二指腸良性絨毛狀腺瘤局部切除術後復發率為30%左右，需定期複查。

飲食宜忌

✔ 多吃具有增強免疫力的食物，如番茄、蜂蜜、甜杏仁、胡蘿蔔、蘆筍、刀豆、扁豆、香菇、木耳等。宜多吃具有排膿解毒作用的食物，如絲瓜、冬瓜、甜杏仁、桃仁、蕎麥、核桃、薺菜等。

✘ 油膩、煎炸、燒烤的食物。生冷、辛辣、刺激性食物。

番茄炒菜花

材料：

菜花400克，番茄200克，鹽、醬油、醋、油各適量。

做法：

①菜花用小刀處理，切成均勻小塊。
②用水汆一下菜花，要將菜花汆軟。
③鍋中放入油，放入番茄，待番茄翻炒充分後放入菜花。快速翻炒，令番茄和菜花充分融合。
④依次放入鹽、少許醬油、醋調味即可。

功效：

番茄具有健胃消食、生津止渴的功效，還可以預防腸癌、宮頸癌、膀胱癌等疾病，適合腸息肉患者食用。

番茄和菜花都含有維他命C，可增強抵抗力。

蝦仁炒絲瓜

材料：

絲瓜2根，蝦100克，葱、薑、鹽、料酒、生粉水、油各適量。

做法：

①絲瓜去皮切滾刀塊，葱、薑切絲。
②蝦去頭去殼，挑出蝦線，用料酒、生粉水醃製10分鐘。
③炒鍋中放少許油，將蝦仁滑炒至變色，盛出。
④鍋中重新放油，放入葱、薑絲炒香，然後放入絲瓜炒至變軟，最後放入蝦仁一起翻炒。
⑤放入料酒，加鹽，大火翻炒一會即可。

功效：

本品可清熱、涼血止血。

烹製絲瓜時儘量保持清淡，要少放油和調料。

蕎麥豆漿

材料：

黃豆50克，蕎麥30克。

做法：

①黃豆用水浸泡10分鐘，蕎麥也用水浸泡備用。
②把泡過洗淨的黃豆倒入豆漿機中，加入所需量的水，加蓋按下乾豆功能鍵。
③將煮好的豆漿過濾一下，然後再倒回豆漿機中。
④加入洗淨的蕎麥，加蓋按下豆漿鍵即可。

功效：

蕎麥具有良好的營養保健作用，適合腸息肉患者術後食用。

蕎麥可消炎，有助於術後的恢復。

胃癌

胃癌是源自胃黏膜上皮的惡性腫瘤，排在全部惡性腫瘤的第3位，消化道惡性腫瘤的首位，佔胃惡性腫瘤的95%。早期胃癌多無症狀或僅有輕微症狀。當臨床症狀明顯時，病變多已屬晚期。因此，要十分警惕胃癌的早期症狀，以免延誤診治。

養腸胃飲食原則

①加強營養，提高抗病能力。少食多餐，每天四五次，從流質、半流質到軟食，開始時每次量約小半碗，以後慢慢增加。

②禁煙酒，禁吃霉變食物，禁生硬、粗糙刺激之物。

③養成定時、定量的飲食習慣。食物應細嚼慢咽，減輕胃的負擔。

腸胃病不復發飲食原則

①可適當慢走、散步。每天輕揉腹部15分鐘左右，早晚各1次，可幫助胃吸收和消化，有助於身體的康復。。

②手術以後的病人忌食牛奶、糖和高碳水化合物飲食，以防發生傾倒綜合徵。

③營養不良的患者，除了正常飲食以外，可在營養醫師的指導下食用幾服營養補充劑。

飲食宜忌

✔ 宜多吃能增強免疫力的食物，如淮山、扁豆、薏米等。宜多吃富含蛋白質的食物，防治惡劣病變，如烏雞、鴿子、鵪鶉等。

✖ 辛香類食品，如芫荽、孜然、胡椒、辣椒、蔥、芥末、蒜等。肥膩生痰食品，如肥肉、肥雞、各種甜食、奶油、奶酪等。

紅糖煲豆腐

材料：

老鴨半隻，薏米100克，冬瓜500克，薑片、鹽、料酒各適量。

做法：

①老鴨洗淨，剁大塊；冬瓜去皮切大塊；薏米提前浸泡。
②將鴨塊和薑片放入炒鍋一起翻炒，不加油，加入料酒，繼續翻炒至鴨塊收縮冒油。
③將鴨塊轉入砂鍋，放入開水及薏米，燒開後轉小火燉1小時。
④加入冬瓜和少許鹽，中火再燉20分鐘即可。

胃癌患者食慾不振時，可服用此湯。

功效：

本品適合胃癌患者食用。

薏米冬瓜老鴨湯

材料：

老鴨半隻，薏米100克，冬瓜500克，薑片、鹽、料酒各適量。

做法：

①老鴨洗淨，剁大塊；冬瓜去皮切大塊；薏米提前浸泡。
②將鴨塊和薑片放入炒鍋一起翻炒，不加油，加入料酒，繼續翻炒至鴨塊收縮冒油。
③將鴨塊轉入砂鍋，放入開水及薏米，燒開後轉小火燉1小時。
④加入冬瓜和少許鹽，中火再燉20分鐘即可。

胃癌患者食慾不振時，可服用此湯。

功效：

本品適合胃癌患者食用。

葱香胡蘿蔔絲

材料：

胡蘿蔔500克，薑、葱、鹽、油、料酒各適量。

做法：

①將胡蘿蔔洗淨，去根，切細條狀；葱、薑切絲。
②鍋置火上，下油，放入葱絲、薑絲熗鍋，倒入料酒，倒入胡蘿蔔絲煸炒，加入鹽，添少許水燜一會兒，之後翻炒均勻即可。

功效：

胡蘿蔔能夠理氣通經，增強機體的免疫力，具有抗癌的功效，適合瘀血內結型的胃癌患者食用。

葱薑不要煸炒時間過長，否則影響口味。

腸癌

腸癌是腸黏膜上皮在環境或遺傳等多種致癌因素作用下發生的惡性腫瘤，是消化道常見的惡性腫瘤，發病率僅次於胃癌和食道癌。腸癌中最常見的為大腸癌。腸癌初期以便血為主，其次是大便習慣改變，排便不盡感，裏急後重等，此外還極易引起梗阻現象，產生腸道刺激症狀等。

養腸胃飲食原則

①合理安排每日飲食，多吃新鮮水果、蔬菜等含有豐富的碳水化合物及膳食纖維的食物，適當增加主食中雜糧的比例，不宜過細過精。

②少吃高脂肪、高蛋白的食物，特別是要控制動物性脂肪的攝入。

腸胃病不復發飲食原則

腸癌晚期常侵犯周圍組織器官，如膀胱和前列腺等鄰近組織，引起尿頻、尿急和排尿困難。侵及骶前神經叢，出現骶尾和腰部疼痛。因此，如出現上述症狀一定要及時去醫院檢查、治療，以防病情惡化。

飲食宜忌

✔ 新鮮水果、蔬菜及其他富含膳食纖維的食物

✖ 富含飽和脂肪和膽固醇的食物，如豬油、牛油、肥肉、動物內臟、魚子等。

木耳芹菜粥

材料：

粳米100克，芹菜50克，木耳(乾)20克,鹽適量。

做法：

①粳米淘洗乾淨，用涼水浸泡半小時。
②木耳用溫水發透，去蒂，撕成瓣。
③芹菜洗淨，切碎。
④鍋中加入涼水，放入粳米，置大火上燒沸，撇去浮沫，加入芹菜、木耳，改用小火熬煮成粥，加鹽調味。

功效：

本品可增強機體免疫力，經常食用可防癌、抗癌。

此粥有降血壓的功效，高血壓患者也可食用。

蘑菇冬瓜湯

材料：

冬瓜500克，蘑菇200克，鹽適量。

做法：

①冬瓜去皮去瓤，切成薄片；蘑菇洗淨，切絲。
②將冬瓜和蘑菇加水同煮，將熟時加鹽即成。

功效：

蘑菇的有效成分可增強T淋巴細胞功能，從而提高機體抵禦各種疾病的免疫力；冬瓜含有多種維他命和人體必需的微量元素，可調節人體的代謝平衡。

此湯可清腸消滯，避免腸道堵塞。

香菇木耳燜豆腐

材料：

香菇、木耳、金菇、豆腐、粉絲各30克，葱、鹽、油、料酒各適量。

做法：

①將香菇、木耳、金菇洗淨，水浸3小時；把豆腐切塊。
②起油鍋，將豆腐煎香，加水適量，並放入香菇、木耳、金菇，小火燜半小時，再加入粉絲、葱花，加鹽調味即可。

功效：

豆腐有降低血脂、保護血管細胞、預防心血管疾病的作用；香菇有抗癌的功效。

此菜最好選用北豆腐。

FOOD

第五章

腸胃病四季飲食宜忌

一年分為春、夏、秋、冬四個季節，溫、熱、涼、寒是這四個季節最顯着的氣候特點。所謂“應天順時”，指的是人們應該根據每個時節的特點來安排合理的膳食。對於需要養胃的人來說，每個季節的養胃方式也各不相同：春季養胃，宜吃甜少吃酸，夏季則宜清熱少溫補，秋天則宜滋補少燥熱，冬天則宜溫熱少寒涼。只有遵從四季的養生原則來養胃，才能取得理想的效果。

春季

養胃，宜吃甜少吃酸

春季氣候變化不定，胃酸分泌也會增多，易導致胃炎產生或復發。春季人體肝氣偏旺，會影響脾胃的消化吸收功能，所以春季容易出現脾胃虛弱症。如果再吃得過於油膩，脂肪不易消化，就會出現消化不良、腹脹、腹痛、腹瀉等症狀。另外，春季南方氣候比較潮濕，細菌和病毒繁殖活躍，導致食物很快腐敗、變質。如果吃了這些變質的食物，極易導致急性胃炎。

春季飲食原則

飲食應以清淡為主

春季肝火過旺容易肝胃不和，所以在春天人容易上火，出現舌紅苔黃、口苦咽乾、口唇生瘡、牙齦腫痛等症，因此飲食宜清淡，忌油膩（如油炸食品）、生冷及刺激性食物。可適當吃些清解裏熱、滋養肝臟、補脾潤肺的食物，如枇杷、梨、薏米、薺菜、菠菜、芹菜、菊花苗、萵筍、茄子、荸薺、黃瓜、香蕉等。

飲食應選抗病毒性食物

春季，氣候由寒轉暖，氣溫變化比較大，細菌和病毒等也開始繁殖，而且活力增強，容易侵犯人體，導致疾病。因此，在飲食上務必要遵循抗病毒原則。在春季的日常飲食中應注意攝取充足的維他命和無機鹽，比如小白菜、油菜、辣椒、菠菜、柑橘、紅棗等食物都富含維他命C，具有抗病毒的功效。

多吃甜味食物，少食酸味食物

由於春季肝氣旺，會影響到脾。因此，春季易出現脾胃虛弱的症狀，倘若酸味的食物吃多了，會使肝功能偏亢，所以春季飲食調養，要選擇甘溫之品，忌酸澀。飲食要講究清淡，忌油膩、生冷及刺激性食物。另外，春季是蔬菜的淡季，但野菜和山菜的生長期往往早於一般蔬菜，並含有豐富的維他命，可適量食用。

氣候變暖，胃口大開，但應科學飲食。

春季飲食宜忌

宜

春筍

春筍即竹筍，產於春季，以鮮採鮮食為佳。竹筍含有豐富的蛋白質，少量的維他命 B_1、維他命 B_2、維他命 C，以及豐富的鈣、鐵，還含膳食纖維等，適宜春天食用

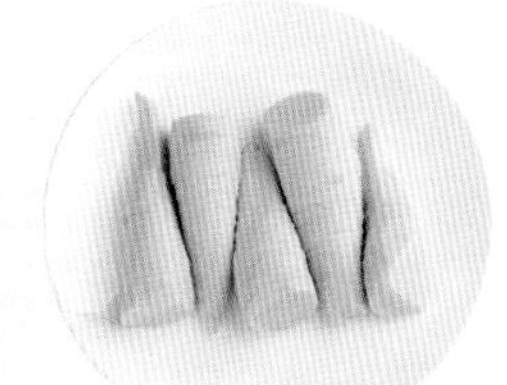

宜

韭菜

春季多吃韭菜可以增加人體的脾胃之氣，強化肝功能，而且韭菜還可以防春困。但是，需要注意的是，消化不良者不宜食用

宜

薺菜

薺菜為春季時令時菜，富含維他命 C 和胡蘿蔔素，春天吃薺菜可以健脾利肝、消食化滯，非常適合脾胃功能較弱的老人和兒童食用

忌

山楂

山楂、柑橘、番茄這樣的酸味食物，都不宜春季食用，因為酸味入肝，會使本來就偏亢的肝氣更旺，加重對脾胃之氣的傷害

忌

糯米

糯米性黏滯，難於消化，不適合春季脾胃虛弱時食用。因此，糯米粥、年糕、湯圓等以糯米為主要材料的食物都應少吃

忌

海鮮

春季是胃炎的高發季節，而海鮮是發物，在春季吃會令舊病復發，新病加重

夏季

保胃，宜清熱少溫補

進入夏季，暑氣漸盛，炎炎夏日，日光強烈，酷熱蒸騰。四月初夏，人體陽升火旺，不宜食用助陽食物；五月天氣漸熱，人感覺困乏，所以少吃性溫的食物，多吃會令人更乏力；農曆六月，天氣炎熱，人體陽氣亦盛，不宜吃甘苦大熱性質的食物。而且六月，常炎熱多雨，呈現暑氣挾濕的特點，要多吃清淡解暑類食物。

夏季飲食原則

及時補水

夏季炎熱，出汗多，身體很容易缺水，及時補水有利於排出體內的代謝廢物，減輕毒素對腸胃的損害，還有利於唾液、膽汁等消化液的分泌，促進消化。

多吃含鈣、鋅等礦物元素的食物

夏季炎熱多汗，鈣、磷代謝增強，鋅、鎂、鈉等隨汗丟失，故宜進食含鈣、鋅等礦物元素豐富的清補食品，促使機體生長。

少吃溫熱性的食物

夏季容易上火，羊肉、荔枝、桂圓等溫熱性的食物能助熱生火，對保養腸胃沒有好處。

不可貪涼

脾胃是喜溫惡寒的，所以夏季飲食不能過於貪涼，否則會損傷脾胃，影響食慾和消化，甚至會導致腸胃功能紊亂。

夏季水果豐富，可以多食。

夏季飲食宜忌

宜

黃瓜

黃瓜清涼多汁，具有清熱解暑、生津止渴功用。嫩黃瓜生食或涼拌，是夏日應時佳蔬；老黃瓜煨湯，又是炎夏消暑解渴的天然保健飲品

宜

綠豆

綠豆具有清熱解毒、消暑除煩之功效，屬於夏季祛暑佳品。《本草匯言》中說：“綠豆清暑熱，靜煩熱，潤燥熱，解毒熱。”夏季酷熱，常食綠豆，既能消暑，又能解毒

宜

白扁豆

白扁豆具有清暑化濕、健脾益氣之功效，尤其是長夏之時，暑濕吐瀉、食少久泄、脾虛呃逆者食之最宜。即使健康之人，常用白扁豆煮粥喝，也非常適宜，可以有效防治暑熱嘔吐、腹瀉

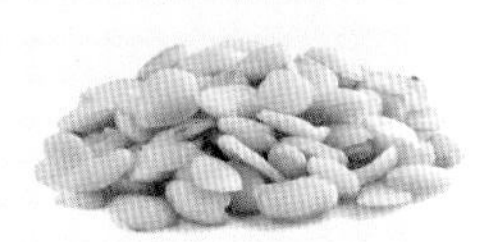

忌

肥肉、動物油

肥肉、動物油中的脂肪含量非常高，對夏季虛弱的脾胃來說，很不容易消化，輕者會導致消化不良、腹脹，嚴重者會出現嘔吐、腹瀉等

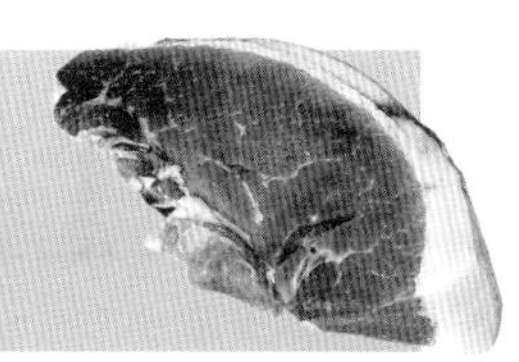

忌

剩飯剩菜

夏季氣溫高，食物易腐敗，剩下的飯菜即使放到冰箱裏冷藏，還是會受到細菌的侵襲。腸胃敏感或免疫力差的人吃了受細菌污染的食物，極易引起腹瀉、嘔吐，影響腸胃健康

忌

朱古力

朱古力是一種高熱量的食品，脂肪含量高，吃了會影響腸胃的消化吸收功能

秋季

護胃，宜滋補少燥熱

秋天氣候乾燥，容易耗人津液，造成口乾、咽乾、舌乾少津、大便乾結、皮膚乾燥等症。所以，秋天的飲食應以養陰和清潤為主。秋季天氣轉涼，人的食慾也會逐漸旺盛起來，使腸胃的負擔加重，容易引起消化不良、腹脹、腹瀉、潰瘍等多種腸胃疾病。所以，秋季飲食既要健脾養胃，又要養陰防秋燥，保護人的消化系統。

秋季飲食原則

多吃滋陰潤燥的食物

秋季氣候乾燥，因此宜食用銀耳、芝麻、核桃、糯米、蜂蜜等，以起到滋陰、清熱、健脾、潤燥的功效。

多補充水分

多喝水是防秋燥、養腸胃必不可少的方法，但飲水以少量多次飲用為佳，不宜一次喝大量的水，否則會引起胃部不適。

多吃富含膳食纖維的食物

秋天體內水分會過度蒸發，不少人都會出現大便乾結的情況，這時吃一些富含膳食纖維的食物，如番薯、海帶等，可以促進腸胃的蠕動，防止便秘。

每天早上一杯溫水，可清腸胃促排便。

秋季飲食宜忌

宜

柿子

秋令佳品，首推柿子。秋季乾燥，會出現咽喉疼痛、口舌糜爛，甚至乾咳。對於這些情況，柿子都有很好的保健、治療作用。它能潤肺、止渴，在缺碘地區，多吃也非常有益

宜

百合

百合是秋季特有的食物，能滋陰潤燥、益氣清腸，秋季用來煮羹、煲湯，可有效防治秋季燥熱引起的咳嗽咽乾、大便乾結等症。晚上容易失眠、心神不寧時，也可以吃百合

宜

蓮藕

蓮藕是秋季的時令蔬菜，生吃蓮藕，能清熱開胃、通便排毒；而用蓮藕來煮粥、燉湯，則可以滋陰養胃、健脾止瀉，非常適合秋季脾胃虛弱的人滋補養生

忌

生梨

梨性寒，吃生梨過多會傷脾胃、助陰濕，使腸胃功能失調，導致腹痛、腹瀉。因此，吃梨的時候可以用來熬湯、煮粥吃

忌

炒瓜子

炒瓜子中含油脂非常多，秋燥時節吃炒瓜子易助濕助熱、損傷腸胃，妨礙胃功能

忌

朱古力

朱古力是一種高熱量的食品，脂肪含量高，秋季吃朱古力會助熱生痰，加重腸胃負擔，使脾胃功能受損

冬季

暖胃，宜溫熱少寒涼

冬季天氣寒冷，冷空氣刺激腸胃會引發多種腸胃疾病。另外，冬季人們的食慾旺盛，強調進補，過量食用高熱量、高脂肪的食物，會增加腸胃的負擔，導致消化不良、腹脹、腹痛等症。因此，冬季飲食應以溫、軟、淡、素、鮮為宜，做到定時定量、少食多餐，用食物中和胃酸，避免因胃酸侵蝕胃黏膜和潰瘍面而加重病情。

冬季飲食原則

多溫熱少寒涼

要適當吃一些具有禦寒功效的食物，以溫養全身組織、增強體質、減少疾病的發生。比如糯米、高粱、板栗、紅棗、核桃仁、桂圓、韭菜、南瓜、薑、牛肉、羊肉等食物，可以溫補調養身體。

冬季吃羊肉時不宜加醋。

增加維他命A、維他命C的攝取

維他命A、維他命C可以增強對寒冷的適應能力。維他命A主要來自動物的肝臟、胡蘿蔔、深綠色蔬菜等，維他命C則主要來自於新鮮水果和蔬菜。此外，冬天適量吃點辣椒，可以促進血液循環，還能增進食慾。

多吃鹹味補益陰血

根據“秋冬養陰”、“冬季養腎”的原則，冬季可以適量多吃點鹹味食物，如海帶、紫菜、海蜇等，具有補益陰血等作用。

冬季飲食宜忌

宜

羊肉

羊肉含豐富的脂肪、蛋白質、碳水化合物、無機鹽和鈣、磷、鐵等人體所必需的營養成分，常被人們用作冬季禦寒和進補壯陽的佳品，具有暖中補腎虛、開胃健脾、禦寒去濕之功效

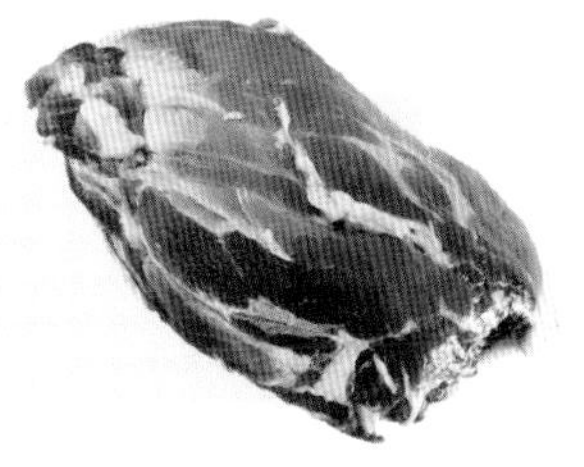

宜

香菇

冬季可以吃香菇，香菇能夠促進消化，起到養胃的作用，還可以治療便秘。古代文獻上記載，菇菌類具有益氣補虛、健脾胃、治療皮膚病等多種功效

宜

核桃

核桃含有 40%~50% 的脂肪，其中多數為不飽和脂肪酸，具有降低膽固醇、防止動脈硬化之功效。核桃仁中還富含磷脂和維他命 E，具有增進食慾之功效。這些都對提高身體健康大有益處

忌

鴨肉

鴨肉性寒，具有滋陰清熱的功效，這與冬季溫補脾胃的飲食原則相悖，因此冬季不宜食用過多

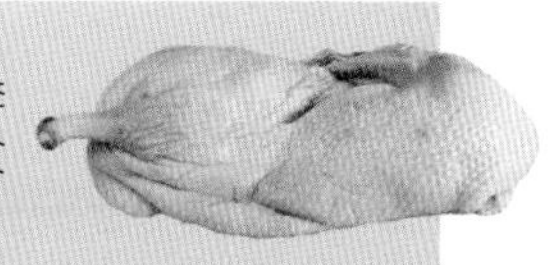

忌

辛辣食物

冬季氣候乾燥，人體容易缺水，如果再過量進食辣椒、蔥、薑、蒜等辛辣食物，會使體內水分流失更快，導致上火和便秘

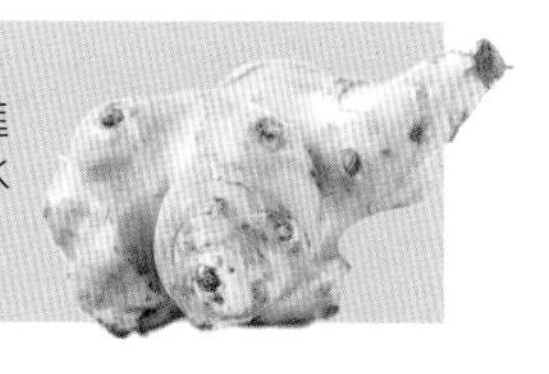

忌

過熱的湯、粥

冬季寒冷，很多人都喜歡吃熱食來取暖，但過熱的食物會損傷胃黏膜，引發胃炎、腸炎。因此，冬季飲食的溫度也一定要適宜

第六章

養脾宜忌速查

中醫認為：脾胃五行屬土，屬於中焦，共同承擔着化生氣血的重任。脾與胃通過經脈相互絡屬而構成表裏關係。胃主受納，脾主運化，兩者之間的關係是“脾為胃行其津液”，共同完成飲食的消化吸收及其精微的輸佈，從而滋養全身，故稱脾胃為“後天之本”。由此可見，脾與胃有着密切的關係，二者相輔相成，因此想要養好腸胃，也要養好脾才行。

脾腸胃相互影響

飲食應以清淡為主

脾胃系統，同屬人體五大系統之一，是由脾臟、胃腑、足太陰脾經、足陽明胃經，以及唇、口、肌肉、四肢等器官組織共同組成的體系，這些器官組織之間，無論在組織結構上，或是在生理功能上均有着密切而不可分割的內在聯繫，並具有特定的關聯，故統稱脾胃系統。又因脾胃為氣血生化之源，後天之本，所以脾胃在人體生命活動中的地位和作用非常重要，素為歷代醫家所重視。

《醫宗必讀》云：“後天之本在脾，脾應中宮為土，土為萬物之母。”説明脾能消化、吸收、運輸精微，為滋養元氣之本，氣血生化之源，以營養周身、臟腑百骸，維持人體正常生理活動，故為後天之本。因此臟腑氣血之盛衰，體質之強弱與否，與脾主運化功能的正常與否，密切相關。

胃為脾之腑，互為表裏，其生理功能恰與脾之功能相反，是相輔相成、相互促進的生理關係，共同完成“氣血生化之源”以營養周身，故稱脾胃為後天之本。氣是人體機能活動的根本，與臟腑功能活動有關。因為臟腑的一切功能活動都離不開氣和血。胃主受納消化，脾主吸收輸佈。脾陽以運行為主，脾陰以靜攝為功。脾胃共為氣血生化之源，後天之本與人體生命活動息息相關。脾胃各具有陰陽，兩相結合，才能消化食物，以生氣血，灌溉五臟六腑，四肢百骸。所以前人提出所謂“先天在腎，後天重脾”，就是這個道理。

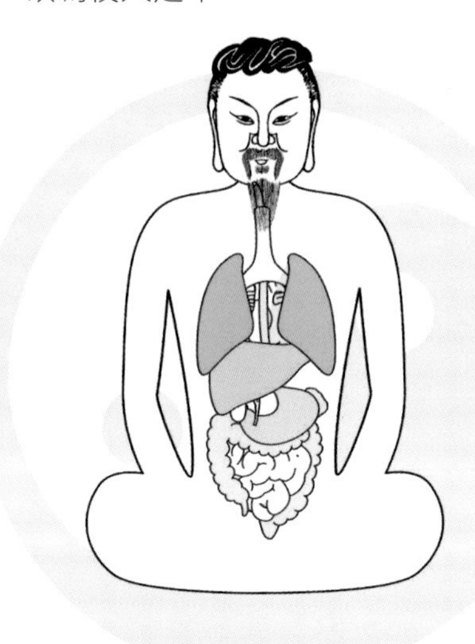

脾胃的功能是相輔相成的，因此養胃的同時也要注重養脾。

脾不好的身體徵狀

臉色發黃

一個人的臉色黯淡發黃，可能是脾虛，主要表現為吃飯不香，飯後肚子發脹，有腹瀉或便溏症狀。如果沒有及時治療，臉色就會逐漸變成“萎黃”，即臉頰發黃、消瘦枯萎，這是因為脾的氣和津液都不足，不能給身體提供足夠的營養造成的。與萎黃相反是黃胖，即面色發黃且有虛腫。

鼻頭暗淡

用手摸摸鼻頭會發現有一個小坑，以小坑為中心，週圍就是反映脾臟生理功能、病理變化最明顯的區域。如果鼻頭發紅是脾胃有熱證，表現為特別能吃，但吃完容易餓、消化吸收不好、口苦黏膩等。

口唇無血色、乾燥

《黃帝內經》中指出，“口唇者，脾之官也”，“脾開竅於口”，就是說，脾胃有問題會表現在口唇上。一般來說，脾胃很好的人，其嘴唇紅潤、乾濕適度、潤滑有光。反過來說，如果一個人的嘴唇乾燥、脱皮、無血色，就說明脾胃不好。

睡覺時會流口水

《黃帝內經》中還指出“脾主涎”，這個“涎”是脾之水、脾之氣的外在表現。一個人的脾氣充足，涎液才能正常傳輸，幫助人吞嚥和消化，也會老老實實待在口腔裏，不會溢出。一旦脾氣虛弱，“涎”就不聽話了，睡覺時會流口水。如果經常不自覺流口水，可從健脾入手，進行調理。

便秘

正常情況下，人喝進去的水通過脾胃運化，才能成為各個臟器的津液，如果脾胃運化能力減弱，就會導致大腸動力不足，繼而造成功能性便秘。

精神狀態不佳

脾胃運化失常，容易導致健忘、心慌、反應遲鈍、睡眠不足等。相反，脾胃健運，能讓大腦得到滋養，就會神清氣爽、精力旺盛、思考敏捷。

精神狀態不佳、睡眠不好往往是脾胃功能失調的徵兆。

十大益脾食材

番薯 性平，味甘。有補脾胃、益氣力、寬腸胃的功效。適宜於脾胃虛弱、形瘦乏力、納少泄瀉者食用。多食易引起反酸、胃灼熱、胃腸道脹氣等症。

牛肉 性平，味甘。有補脾胃、益氣血、強筋骨的功效。適宜於脾胃虛弱、食少便稀、中氣下陷、慢性泄瀉者食用。

兔肉 性涼，味甘。有補中益氣、涼血解毒的功效。適宜於脾虛食少、血熱便血、胃熱嘔吐反胃、腸燥便秘患者食用。虛寒、泄瀉者忌食。

紅棗 性溫，味甘。有補益脾胃、養血安神的功效。適宜於脾胃虛弱、食少便稀、疲乏無力者食用。氣滯、濕熱和便秘患者忌食。

淮山 性平，味甘。有補氣健脾、養陰益肺、補腎固精的功效。適宜於脾氣虛弱、食少便溏、慢性泄瀉者食用。濕盛和氣滯脹滿者忌食。

鱖魚 性平，味甘。有補脾胃、益氣血的功效。適宜於脾胃虛弱、食慾不振者食用。虛寒證、寒濕證忌食。

牛肚 性溫，味甘。有益脾胃、補五臟的功效。適宜於病後氣虛、脾胃虛弱、消化不良者食用。

雞肉 性溫，味甘。有補中益氣、補精添髓的功效。適宜於脾胃虛弱、疲乏、納食不香、慢性泄瀉者食用。實證、熱證、瘡瘍和痘疹後忌食。

板栗 性溫，味甘。有補脾健胃、補腎強筋、活血止血的功效。適宜於脾虛食少、反胃、瀉泄者食用。氣滯腹脹者忌食。

泥鰍 性平，味甘。有補中益氣、利水祛濕的功效。適宜於中氣不足、泄瀉、脱肛者食用。

五種傷脾食材

西瓜

西瓜屬寒性，吃多了會導致過寒而損傷脾胃，造成腹瀉和食慾下降等症狀。

吃得過多還會引起咽喉炎。

香蕉

香蕉性寒，故脾胃虛寒、胃痛、腹瀉者應少食，胃酸過多者儘量少食用。

空腹不宜食香蕉。

黃瓜

黃瓜性涼，脾胃虛弱、腹痛腹瀉、肺寒咳嗽者都應少吃，胃寒患者食之易致腹痛泄瀉。

黃瓜不宜和花生搭配，易引起腹瀉。

番茄

番茄性寒，會損傷脾胃，因此脾胃虛寒及月經期的婦女以及急性腸炎、菌痢及潰瘍活動期病人不宜食用。

烹調時應避免長時間高溫加熱。

阿膠棗

阿膠棗不宜多吃，否則阿膠對脾胃有不良影響。對於脾胃虛弱或痰濕偏盛的人，不可食用，易導致脾虛、痰濕。

食用時不要用水煎煮。

十大益脾中藥

香附

性平，味微苦、甘。具有理氣解鬱的功效。適宜於治療肝胃不和引起的胸腹脅肋脹痛等症。

枳實

性寒，味苦、辛。主治積滯內停、痞滿脹痛、大便秘結、瀉痢後重、結胸、胃下垂、子宮脱垂、脱肛等症。

乾薑

性熱，味辛。具有溫中散寒、止吐、健胃的作用。適宜於治療陰寒內熱引起的胃中冷痛、吐瀉等症。

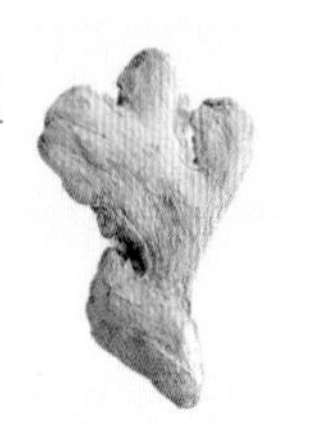

人參

性微溫，味甘、微苦。具有大補元氣、補脾益肺的功效。適宜於肺氣虛弱引起的短期喘促，脾氣不足引起的倦怠乏力、食少便溏、失眠、健胃等症。

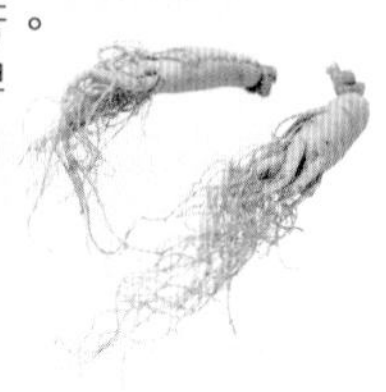

蓮子

性平，味甘、澀。具有補脾、益肺、養心、益腎和固腸等作用。適用於心悸、失眠、體虛、遺精、白帶過多、慢性腹瀉等症。

穀芽

性平，味甘。具有消食健脾的功效。適宜於消化不良、飲食積滯等症。

紅棗

性溫，味甘。具有補脾和胃、益氣生津的功效。適宜於胃虛少食、脾弱便溏、氣血津液不足、心悸怔忡等症。

芡實

性平，味甘、澀。具有固腎澀精、補脾止泄的功效。主治遺精、淋濁、帶下、小便不禁、大便泄瀉等症。

白芍

性涼、微寒，味苦酸，具有補血養血、平抑肝陽、柔肝止痛、斂陰止汗等功效，適用於胸腹脅肋疼痛、四肢攣急，瀉痢腹痛、自汗盜汗、崩漏、帶下等症。

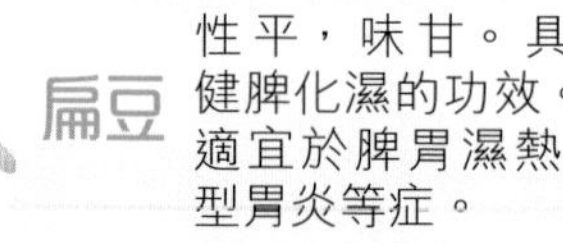

扁豆

性平，味甘。具有健脾化濕的功效。適宜於脾胃濕熱型胃炎等症。

五種傷脾中藥

生地

生地性寒而滯，容易損傷脾胃，因此脾虛濕滯、腹滿便溏者以及泄瀉胃寒、胸膈有痰者不宜食用。

與蘿蔔、葱白、韭白、薤白相克。

黃連

黃連味苦性寒，過服久服易傷脾胃，脾胃虛寒者忌用。苦燥傷津，陰虛津傷者慎用。

可外用，治癒後即停用。

石膏

石膏能使人胃寒，造成腹瀉等不適，因此脾胃虛寒及血虛、陰虛發熱者忌服。

一般病癒即止，否則會傷正氣。

熟地

熟地味甘，性尤滋膩，脾胃虛弱、氣滯痰多、腹滿便溏、氣鬱者禁服。

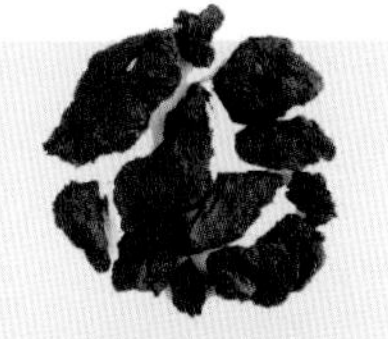

一般配在中藥裏，不可隨意服用。

阿膠

阿膠不宜多食，否則會造成脾胃不適，因此凡脾胃虛弱、嘔吐泄瀉、腹脹便溏、咳嗽痰多者慎用。

感冒時不宜服用。

附錄

很老很老的腸胃病老偏方

很老很老的腸胃病老偏方

偏方1

消化不良

配方： 雞內金（雞肫皮）200 克炒黃，磨成粉。
劑量： 飯前用白糖水沖服，一日 2 次，一次半湯匙。兒童減半，1 劑服完即可。
注意事項： 忌吃田螺。

偏方2

便秘（大便燥結、排便難或幾天無大便）

配方： 香蕉去皮後煮熟，加適量蜂蜜食用。
劑量： 一日 1 次，一次見效，3 日可癒。
注意事項： 忌吃田螺、洋葱。

偏方3

痢疾、泄瀉

配方： 每次用乾馬齒莧 25 克（鮮者 50 克），煎 1 碗水空腹服湯。
劑量： 一日 2 次，連用 3 天可消炎解毒，治久瀉不癒特別有效。

偏方4

肝硬化腹水（水鼓脹）

配方： 冬瓜皮 50 克，蘿蔔子 5 粒，煎 1 碗湯一次服下。
劑量： 一日 2 次，連用 10~15 天。
注意事項： 忌吃油炸食物。

急性腸炎

配方： 蒜瓣 2~4 個，加白糖適量，搗爛，用開水沖勻，一次服下。
劑量： 一日 2 次，1~2 天即癒。

偏方6

慢性腸炎、腹瀉

配方：小麥麵粉 500 克，放鍋內炒到焦黃。
劑量：每次 50 克，加適量白糖，用開水調勻，早晚飯前服，3~5 天有特效。
注意事項： 忌吃香蕉、柿子。

偏方7

胃及十二指腸潰瘍

配方： 雞蛋殼 30 個，炒脆磨成粉末。
劑量： 一次 10 克，早晚飯前用白糖水沖服，一般 1 劑可癒，病重者需 2 劑。
注意事項： 忌吃酸辣。

慢性胃炎、胃寒、胃下垂

配方： 生豬肚 250 克，洗淨切片，加白胡椒 25 克，老薑 25 克，油鹽少許，煮爛。
劑量： 一次吃完（胡椒、老薑不吃），一日 2 次，飯前食用，連吃一星期，可治多年胃病。

常年老胃病

劑量： 用紅棗泡水。首先需要將紅棗洗乾淨炒一下，以不焦糊為準，一次可多炒些備用。
劑量： 把炒好的紅棗掰開，放進杯子裏用開水沖泡，一次放三四個即可。
注意事項： 可適量加糖，待水的顏色變黃後服用。

偏方10

胃寒

配方： 首先將白酒 50 毫升倒在杯子裏，隨後打入 1 隻雞蛋，然後將酒點燃，待酒燒乾雞蛋煮熟。
劑量： 早晨空腹吃，輕者吃一兩次可癒，重者 3~5 次可癒。
注意事項： 注意雞蛋不可加入任何調料。

偏方11

胃痛、胃竇炎、脹氣吐酸

配方： 蒜頭（最好用獨頭蒜）50 克，乾橘皮 25 克，蘿蔔籽 6 粒。
劑量： 將蒜頭、乾橘皮、蘿蔔籽一起加水煎煮，取汁加紅糖一次服下，一日 3 次，飯前空腹服，用 5 天可癒。
注意事項： 忌酒、辣、冷食。

偏方12

反胃、嘔吐

配方： 牛奶 1 杯，韭菜汁半杯，薑汁 2 湯勺，慢火燉溫。
注意事項： 空腹飲用。

胃下垂

配方：雲苓 25 克，黨參、黃芪、淮山、當歸、山楂各 15 克，柴胡、郁金、白朮、枳殼、雞內金各 12 克，升麻、陳皮、甘草各 9 克，紅棗 10 枚。將以上藥水煎。
劑量： 分 2 次服，每日 I 劑。

偏方14

胃炎、胃潰瘍

配方： 首先將 500 克蜂蜜倒入碗中，用鍋將 125~150 毫升花生油燒開，以沫消失為止，然後將油倒進盛有蜂蜜的碗中。
劑量： 飯前 20~30 分鐘服用 1 匙，早晚各服用 1 次，病重者可增加 1 次。
注意事項： 不能喝酒，忌吃辛辣食品。

偏方15

嬰幼兒腹瀉、腹脹

配方： 蒜 1 頭，連皮燒焦，再與半碗水燒開，加適量白糖服湯。
劑量： 一日 1 次，一般 2~3 天即可消食止瀉。

偏方16

胃痛、胃痙攣

配方：鮮雞蛋 12 隻，冰糖 500 克，黃酒 500 毫升。雞蛋打碎攪勻，加冰糖、黃酒，熬成焦黃色。
劑量：每次飯前 1 匙，1 日 3 次。

中老年人脾胃虛弱、食慾不振、大便溏泄

配方： 紅棗 20 枚，蓮子 15 克，粳米 100 克，水適量。
劑量： 一次 10 克，早晚飯前用白糖水沖服，一般 1 劑可癒，病重者需 2 劑。
注意事項： 將紅棗、蓮子、粳米洗淨後加入適量水，大火煮沸，再改用小火熬煮成粥，食用。

偏方18

慢性淺表性胃炎

配方：香椿芽 50 克，開水燙 3 分鐘切段，雞蛋 2 隻，打入碗中加鹽少許，放鍋內炒熟再加入香椿芽，炒片刻即可食用。
劑量： 每日早晚各服 1 次。

偏方19

慢性胃炎之胃酸過多

劑量： 番石榴 30 克，焙乾研細末，過篩。
劑量： 一日 3 次，每服 9 克，飯前半小時服。

偏方20

胃痛、嘔吐

配方：丁香 3~5 粒，黃酒 1 盅，將上述 2 味藥一同放入碗中，隔水燉 10 分鐘，趁溫飲用。
劑量：每日一兩劑。